"十四五"职业教育江苏省规划教材

机械测量技术

主　编　王志慧　丁　燕
副主编　朱洪其　陈　震

北京理工大学出版社
BEIJING INSTITUTE OF TECHNOLOGY PRESS

内容简介

本书积极贯彻教育部《关于进一步深化中等职业教育教学改革的若干意见》精神，根据职业教育机械类专业人才培养目标和“机械测量技术”课程教学标准编写而成。

本书共7个项目，分别介绍了机械测量技术基础、零件尺寸的测量、零件几何误差的测量、螺纹的测量、齿轮的测量、箱体类零件的测量、三坐标测量仪简介等相关知识，同时每个任务都配套了任务工作页。

本书采用理论与实训相结合的方式进行编写，以案例和项目为载体，将理论知识与实践技能相结合。本书配套的任务工作页，引导学生在“做”任务的同时理解、消化知识，并培养其操作技能；通过设计安排“任务拓展”板块，帮助学生实现知识的拓展。

本书可作为中等职业技术院校机械类各专业的通用教材，可作为相关企业培训教材，也可供机械测量技术初学者参考。

图书在版编目(CIP)数据

机械测量技术 / 王志慧，丁燕主编. --北京：北京理工大学出版社，2021.10

ISBN 978-7-5763-0449-7

Ⅰ.①机… Ⅱ.①王… ②丁… Ⅲ.①技术测量-高等学校-教材 Ⅳ.①TG801

中国版本图书馆 CIP 数据核字(2021)第 200128 号

出版发行 / 北京理工大学出版社有限责任公司
社　　址 / 北京市海淀区中关村南大街5号
邮　　编 / 100081
电　　话 / (010)68914775(总编室)
(010)82562903(教材售后服务热线)
(010)68944723(其他图书服务热线)
网　　址 / http://www.bitpress.com.cn
经　　销 / 全国各地新华书店
印　　刷 / 定州启航印刷有限公司
开　　本 / 889毫米×1194毫米　1/16
印　　张 / 14
字　　数 / 281千字
版　　次 / 2021年10月第1版　2021年10月第1次印刷
定　　价 / 39.00元

责任编辑 / 陆世立
文案编辑 / 陆世立
责任校对 / 周瑞红
责任印制 / 边心超

前言

本书积极贯彻教育部《关于进一步深化中等职业教育教学改革的若干意见》精神，服务于中等职业教育的教学内容、教学方法改革，以新的人才培养目标为专业教学标准；以实际应用为目的，突出职业教育特色；本着强调基础、注重能力、突出应用、力求创新的总体思路，优化整合课程内容，注重对学生知识应用和解决问题能力的培养，满足制造企业未来生产实践一线岗位能力需求；以学生职业能力为培养目标，将专业知识、工作方法与职业素养深度集成，通过学习方法培养、技能手段训练、职业习惯养成三方面，搭建有效课堂的专业知识框架。

本书在编写过程中，始终以学生为中心，以学生的认知能力为出发点，以培养学生实际应用测量技术的能力为主线；针对目前中职学生的实际情况，按照职业成长规律，项目任务设置从简单到复杂，知识讲解由浅入深。全书共分 7 个项目，并以任务工作页的形式，引导学生在“做”任务的同时理解、消化知识，并培养其操作技能；同时，可在做任务的过程中，引导学生查阅书本知识，激发学生的学习能动性，培养其自主学习能力。

本书力求趣味性与习得性相统一，注重实践和实训教学环节，内容上凸显“做中学、做中教”的职业教育教学特色。具体如下。

（1）注重工作任务导向。本书体现了以案例和项目为载体、以职业实践为主线的模块化课程改革理念，遵循职业教育规律和技能人才成长规律，强化学生职业素养的养成和专业知识的积累，有效将专业精神、职业精神和工匠精神通过项目融入教材；注重对学生爱岗敬业、沟通合作等素质和能力的培养以及质量、安全和环保意识的养成。

（2）服务多元立体学习。本书注重信息技术与课程的融合，配套建设了丰富的学习资源，方便学生学习、方便教师使用；通过立体化出版的方式，促进了多元学习的构建，有助于学习者展开线上线下立体式的学习活动。

（3）合理融入新技术、新工艺、新材料知识。通过这些内容，帮助学生掌握当前机械测量技术发展的趋势并了解前沿技术。

（4）坚持全面育人理念。将思政教育有机融入任务，抓住合适的契合点将工匠精神、职业素养、爱国主义教育内容穿插其中，潜移默化地传递正确的人生观、价值观，实现课程思政与专业教学的深度融合。

（5）教材每个项目配有相应的任务工作页。通过工作任务页与学习任务的对接，实现工作标准与学习标准的对接，通过工作过程与学习过程的对接，体现以学生为本位的教学理念。

本书由江苏省连云港工贸高等职业技术学校王志慧、丁燕担任主编，常州刘国钧高等职业技术学校朱洪其、江苏新海发电有限公司陈震担任副主编，苏州市职业大学顾丽亚、连云港工贸高等职业技术学校唐钰等参与编写。在编写过程中，参考了大量相关教材和资料，在此对原作者表示衷心的感谢。由于编者水平有限，书中难免会有不当之处，敬请广大读者批评指正。

编　者

2021 年 7 月

教材导读

建议本教材教学过程中采取“教学+任务工作页+任务练习”，同时辅助课前、课中、课后的自主学习的模式进行。具体教学组织实施如下：

项目序列	学生课堂工作任务	课堂教学任务	参考学时
项目一　机械测量技术基础（载体：基础量具；总学时：6）	任务一　认识机械测量技术基础知识	1. 机械测量技术基本概念 2. 测量方法的分类 3. 测量误差	2
	任务二　认识机械测量常用器具	1. 测量器具的分类 2. 测量器具的主要技术指标 3. 测量器具的选择 4. 测量器具的正确使用 5. 测量器具的维护保养	2
	任务三　认识尺寸与公差基础知识	1. 互换性 2. 标准与标准化 3. 极限的基本术语及定义 4. 配合的基本术语及定义 5. 标准公差 6. 公差带代号及配合代号	2

续表

项目序列	学生课堂工作任务	课堂教学任务	参考学时
项目二　零件尺寸的测量（载体：基础量具，轴类零件、偏心轴，V形铁；总学时：12）	任务一　测量轴类零件的长度	1. 游标卡尺的结构与工作原理 2. 游标卡尺的使用方法 3. 游标卡尺的维护与保养 4. 数据处理	2
	任务二　测量轴类零件的外径	1. 外径千分尺的结构与工作原理 2. 外径千分尺的使用方法 3. 外径千分尺的维护与保养	2
	任务三　测量偏心轴的偏心距	1. 百分表的结构与工作原理 2. 百分表的使用方法 3. 百分表的维护与保养 4. 使用V形铁测量偏心距	4
	任务四　测量套类零件的孔径	1. 孔径的测量方法 2. 内径百分表的结构与工作原理 3. 内径百分表的使用方法	2
	任务五　测量套类零件的深度	1. 深度游标卡尺的结构与使用方法 2. 深度千分尺的结构与使用方法	2
项目三　零件几何误差的测量（载体：万能角度尺、偏摆仪，套类零件、轴类零件；总学时：8）	任务一　测量套类零件的锥度	1. 万能角度尺 2. 斜度与锥度	2
	任务二　测量轴类零件的几何误差	1. 零件的几何要素 2. 几何公差的相关概念 3. 圆度误差的测量方法	2
	任务三　测量轴类零件的跳动误差	1. 跳动公差 2. 偏摆仪测量跳动误差的方法	2
	任务四　测量套类零件的表面粗糙度	1. 表面粗糙度基础知识 2. 表面粗糙度的评定 3. 表面粗糙度的符号及标注 4. 表面粗糙度的检测方法	2

续表

项目序列	学生课堂工作任务	课堂教学任务	参考学时
项目四　螺纹的测量（载体：普通螺纹零件、梯形螺纹零件，螺纹塞规、螺纹环规、螺纹千分尺、测量三针；总学时：12）	任务一　认识螺纹的公差与配合	1. 螺纹的分类及使用要求 2. 普通螺纹的基本几何参数 3. 普通螺纹的几何参数误差对互换性的影响 4. 普通螺纹的公差与配合 5. 螺纹公差带的选用	4
	任务二　检测普通螺纹	1. 普通螺纹的综合测量 2. 普通螺纹的单项测量	4
	任务三　检测梯形螺纹	1. 梯形螺纹的综合测量 2. 梯形螺纹的单项测量	4
项目五　齿轮的测量（载体：圆柱齿轮、蜗杆，齿厚游标尺、齿轮齿距检查仪、齿轮基节检查仪、测量三针、千分尺；总学时：8）	任务一　检测圆柱齿轮	1. 齿厚游标尺 2. 齿轮齿距检查仪 3. 齿轮基节检查仪	4
	任务二　测量蜗杆	1. 蜗杆概述 2. 蜗杆的测量方法	4
项目六　箱体类零件的测量（载体：车床主轴箱箱体，百分表、表座、等高支承；总学时：6）	任务一　测量平面度误差	1. 平面度公差 2. 平面度误差的检测方法 3. 平面度误差的评定方法	2
	任务二　测量平行度误差	1. 平行度公差 2. 平行度误差的测量	2
	任务三　测量垂直度误差	1. 垂直度的概念 2. 垂直度误差的测量	2
项目七　三坐标测量仪简介（载体：三坐标测量仪；总学时：2）	任务　认识三坐标测量仪	1. 三坐标测量仪分类 2. 三坐标测量仪原理 3. 三坐标测量仪维护保养方法	2

可利用任务工作页配合课堂教学，也可利用任务工作页引导教学。通过任务练习加以巩固，做到“做中学，学中练，学练结合”。

本书包括机械测量技术基础、零件尺寸的测量、零件几何误差的测量、螺纹的测量、齿轮的测量、箱体类零件的测量、三坐标测量仪简介等内容，建议52~56学时完成。其中，各项目的任务工作页可结合理论与实际一体化教学模式使用，对学生实践操作具有较好的指导意义，配合其他各类资源，可更好地提升教学效果。

目录

项目一

机械测量技术基础

知识树

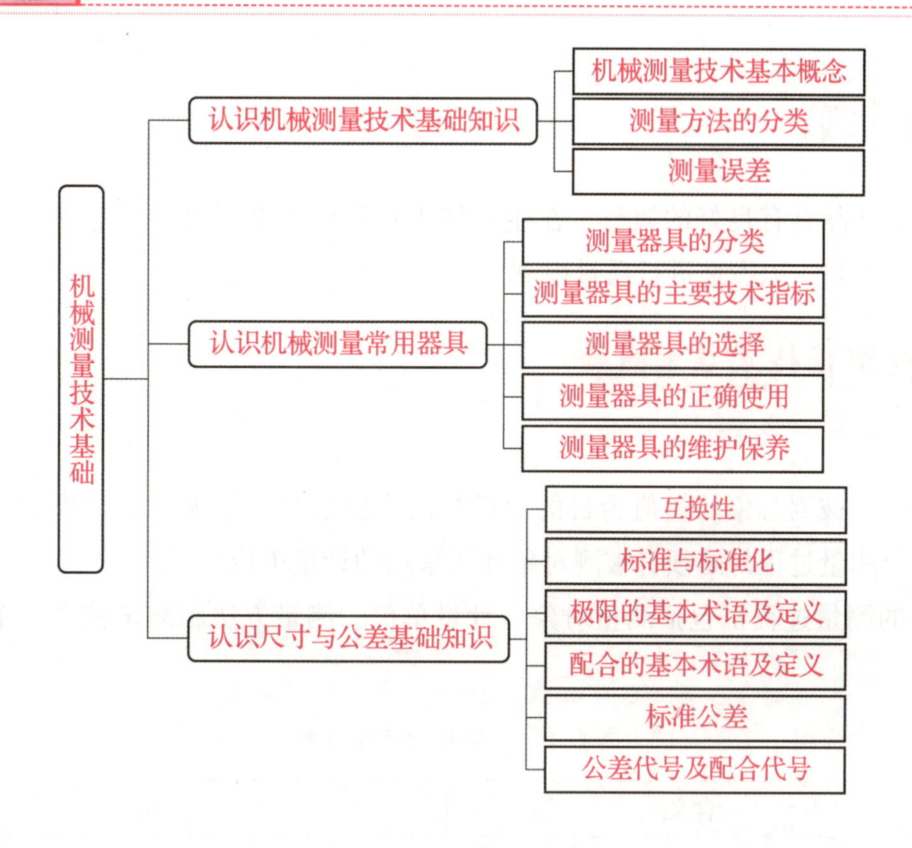

任务一　认识机械测量技术基础知识

产品质量是企业的生命，而测量则是管理和控制产品质量的重要手段。测量技术在机械产品的设计、生产加工、质量控制及性能试验中都有着举足轻重的作用。

任务目标

（1）了解机械测量技术相关基础知识。

（2）掌握测量的基本概念。

（3）了解测量方法的分类。

（4）了解测量误差的种类及产生的原因。

任务描述

本任务主要介绍机械测量技术基本概念、测量的分类与方法、测量误差的种类及产生的原因。通过对本任务的学习，学生应初步建立机械测量技术理论知识基础，能够进行简单的测量误差判断与分析。

知识链接

为保证机械产品具有良好的质量，在生产加工过程中需要对其尺寸、形状、表面粗糙度等相关参数进行测量，以方便进行质量控制。

一、机械测量技术基本概念

1. 测量

测量是以确定被测对象的量值为目的而进行的实验过程。作为测量结果的量通常用数值表示。任何一个测量过程都必须有被测对象和所采用的计量单位。

一个完整的测量过程都包括测量对象、计量单位、测量方法和测量精度 4 个要素，如表 1-1-1 所示。

表 1-1-1　测量过程四要素

测量要素	含义	说明
测量对象	主要指几何量，包括长度、角度、表面粗糙度以及几何误差等	测量对象是选用计量器具的主要依据之一
计量单位	用以度量同类量值的标准量	我国采用的是以国际单位制为基础的计量单位。米（m）为长度计量基本单位；机械制造中常采用毫米（mm）为计量单位；精密测量时，常采用微米（μm）为计量单位。在角度测量中，以度（°）、分（′）、秒（″）为计量单位
测量方法	在进行测量时所采用的测量原理、测量器具和测量条件的总和	根据被测对象的特点及技术要求，确定测量用的计量器具；分析和研究被测参数的特点和它与其他参数的关系，以确定最合适的测量手段

续表

测量要素	含义	说明
测量精度	测量结果与真值的一致程度	任何测量过程总不可避免地会出现测量误差，误差大说明测量结果离真值远，测量精度低

2. 检验

检验是判断被测量是否在规定极限范围之内的过程，通常不一定要求测出具体值。几何量检验只需确定被测量的实际几何参数是否在规定的极限范围内，以作出合格与否的判断即可。

3. 检测

检测是测量与检验的总称，是保证产品精度和实现互换性生产的重要前提，是贯彻质量标准的重要技术手段，是生产过程中的重要环节。

二、测量方法的分类

测量方法可以根据被测对象的特点来选择和确定，测量对象的特点主要是指精度要求、几何形状、尺寸大小、材料性质及数量等。常用的测量方法分类如表 1-1-2 所示。

表 1-1-2 常用的测量方法分类

分类方法	测量方法	含义	说明
是否直接测量被测要素	直接测量	直接从计量器具获得测量值的测量方法	如用千分尺测量轴径
	间接测量	测得与被测量有一定函数关系的量，然后运用函数求得被测量	如用游标卡尺测量两孔的中心距
示值是否为被测几何量的整个量值	绝对测量	被测零件的数值大小可在计量器具上直接读出	如用游标卡尺、千分尺、测长仪等测量零件尺寸
	相对测量	计量器具标尺上指示的值只是被测量相对标准量的偏差	由于标准量是已知的，因此相对测量法被测量的整个数值等于计量器具所指偏差与标准量的代数差
零件同时被测参数的多少	综合测量	同时测量零件上的几个有关参数，从而综合评定零件是否合格的测量方法	如用螺纹量规检验螺纹单一中径、螺距和牙型半角实际值的综合结果
	单项测量	分别对零件各个参数进行测量	如分别检测螺纹中径、螺距和牙型半角

续表

分类方法	测量方法	含义	说明
被测表面与测量器具是否接触	接触测量	测量时，计量器具直接与被测零件表面相接触得到测量结果	如用高度游标卡尺测量工件高度
	非接触测量	测量时，计量器具不直接接触被测零件表面，而是通过其他介质（光、气流等）与零件接触得到测量结果	如用投影仪通过光学原理进行检测
被测量或零件在测量过程中所处的状态	离线测量	零件加工完成后进行测量	测量结果仅限于发现并剔除废品
	在线测量	零件加工过程中进行测量	测量结果直接用来控制零件加工过程，能及时防止废品产生

三、测量误差

测量误差是指测量时测量值与真值之间的差值。

1. 测量误差产生的原因

在实际测量过程中，测量误差产生的原因有很多，主要有以下几点。

（1）计量器具误差：计量器具本身在设计、制造和使用过程中存在的各种误差，如刻线尺的制造误差，计量器具在装配、使用的过程中因部件老化、松动或装配不到位所导致的误差等。

（2）测量方法误差：测量方法的不完善所导致的测量误差，包括计算公式不精确、测量方法不当、工件装夹不合理等产生的误差。

（3）环境误差：测量时环境条件不符合标准条件所引起的误差，如温度、风力、大气折射等因素的差异和变化都会直接对观测结果产生影响，必然给观测结果带来误差。

（4）测量人员误差：由测量人员主观因素引起的误差，它包括测量人员技术水平、思想情绪、分辨能力、工作态度、视觉和观测时的身体状况等因素对测量结果造成的误差。

2. 测量误差的分类

根据测量误差产生的原因、出现的规律及其对测量结果的影响，可将其分为系统误差、随机误差、粗大误差。测量误差的分类如表 1-1-3 所示。

表 1-1-3　测量误差的分类

误差类型	含义	说明
系统误差	在相同条件下，多次重复测量同一量值时，误差的绝对值和符号保持不变，或在条件改变时，按一定规律变化的误差。绝对值和符号保持不变的系统误差为定值系统误差；按一定规律变化的为变值系统误差	系统误差具有明显的规律性和累积性。大部分系统误差可以通过修正值或找出其变化规律后加以消除
随机误差	在相同条件下，多次测量同一量时，误差的绝对值和符号以不可预定的方式变化的误差	随机误差主要是由对测量值影响微小，又互不相关的多种随机因素共同造成的，如热扰动、噪声干扰、电磁场的微变、大地微振等。随机误差的变化不能预测，因此随机误差也不能修正，但是可以通过多次测量取平均值的办法来削弱随机误差对测量结果的影响
粗大误差	在规定条件下超出预期的误差叫粗大误差	粗大误差是由于观测者使用仪器不正确或疏忽大意，如测错、读错、听错、算错等造成的错误，或因外界条件发生意外的显著变动引起的差错。一旦发现含有粗大误差的观测值，应将其从观测成果中剔除出去。一般地讲，只要严格遵守测量规范，工作仔细谨慎，并对观测结果作必要的检核，粗大误差是可以发现和避免的

严谨的工作作风，认真负责的工作态度，可以有效地减少测量误差的发生。因此，作为测量人员除了要掌握熟练的测量技术外，还应具备严谨认真的工作作风。

任务练习

一、填空题

1. ________是以确定被测对象的量值为目的而进行的实验过程。

2. 任何一个测量过程必须有________和所采用的________。

3. 一个完整的测量过程都包括________、________、________和________4 个要素。

二、选择题

1. 用游标卡尺测量两孔的中心距属于(　　)。

A. 直接测量　　B. 相对测量　　C. 间接测量　　D. 综合测量

2. 质检员小王在对一个工件的测量数据进行复核时，发现其中 1 个数据与其他 4 个数据相差较大，那么这种情况属于(　　)。

A. 系统误差　　B. 随机误差　　C. 粗大误差　　D. 综合误差

三、判断题

1. 机械制造中常采用米（m）为计量单位。 （ ）

2. 随机误差不能修正，但是可以通过多次测量取平均值的办法来削弱随机误差对测量结果的影响。 （ ）

3. 检测是测量与检验的总称，是保证产品精度和实现互换性生产的重要前提，是贯彻质量标准的重要技术手段，是生产过程中的重要环节。 （ ）

四、简答题

1. 什么是检验？举例说明测量与检验有什么不同。
2. 什么是测量误差？产生测量误差的原因有哪些？
3. 根据误差出现的规律，可将测量误差分为哪几类？
4. 什么是系统误差？试举例说明。
5. 什么是粗大误差？如何避免粗大误差出现？

任务拓展

阅读材料——现代检测技术的发展趋势

检测技术是现代化工业的基础技术之一，是保证产品质量的关键。在现代化的大生产之中，涉及各种各样的检测。工业制造技术和加工工艺的提高和改进，对检测手段、检测速度和精度提出了更高的要求。现代检测技术是工业发展的基础，测量的精度和效率在一定程度上决定了制造业乃至科学技术发展的水平。现代检测技术要能适应快速发展的制造业，根据先进制造技术发展的要求，以及精密测量技术自身的发展规律，不断拓展新的测量原理和测试方法。近年来检测技术发展趋势是什么呢？

1. 在线测量

在线测量就是在生产线上对产品进行检测，这样可以及时得到产品的测量信息，并实时反馈给生产设备来改进工艺、提高制造精度、降低废品率，为实现产品制造的零废品控制提供了可能。进行在线测量可以降低消耗、减少成本、增加产量、增加效益，还可以保证产品的质量。

2. 高精度

科学技术向微小领域发展，制造业要求的测量精度也在不断提高。随着现代科学技术的不断发展，众多高科技领域均已进入了纳米世界，如精密元器件的测量、电子工业高密度半导体集成电路等。纳米技术的加工离不开纳米精度的测量技术和设备，目前，国外一些研究机构不仅已在表面轮廓、长度、基本常数等测量上达到了纳米级，而且还在一维位移和微观形貌测量上实现了0.1 nm精度等级。

3. 非接触

非接触检测具有没有测量力、精度高、易实现在线测量等优点，其应用越来越广泛。非接触检测技术很多，比较常用的是电容测量方法和光学测量方法。

4. 网络化

网络技术的出现，极大地改变了人们生活的各个方面。具体到测控技术领域，有远程数据采集与测控，远程设备故障诊断，电、水、燃气、热能等的自动抄表等，这些都是网络技术进步并全面介入其中发挥关键作用的必然结果。

5. 智能化

制造业中智能化仪器一般利用许多传感器获得测量信息，从而得出所需要的测量结果，对加工过程进行控制。仪器智能化是融合了智能技术、传感技术、信息技术、仿生技术、材料科学等的一门交叉学科，使检测的概念过渡到在线、动态、主动的实时检测与控制。

6. 高效率、低成本

为了增强市场竞争能力，生产厂家均在努力加强质量管理，降低生产成本，因此测量仪器的高效率、低成本是未来的发展趋势。

任务二　认识机械测量常用器具

保证产品的品质是企业在激烈的市场竞争中获得效益的最重要的工作。做好检验工作是保证产品品质最直接有效的方法，而检验结果的准确性有赖于量具仪器的精度维持。因此，正确地选择与使用测量器具，有利于控制产品质量，降低废品率，提高生产效益。

任务目标

（1）了解测量器具的分类。

（2）理解测量器具的基本性能指标。

（3）了解测量器具的选用要求与方法。

（4）熟悉常用量具的正确使用、维护与保养方法。

任务描述

通过学习本任务、参观钳工实训车间，学生应认识钳工实习常用测量器具；结合所学测量器具相关知识，学生应熟悉现场测量器具正确选用原则及相关维护保养技术。

知识链接

一、测量器具的分类

测量器具是指能直接或间接测出被测对象量值的测量装置，是量具、量规、量仪和计量装置的总称。

1. 量具

量具是指用来测量或检验零件尺寸的器具。常见的量具有游标卡尺、外径千分尺等，如图 1-2-1 所示。

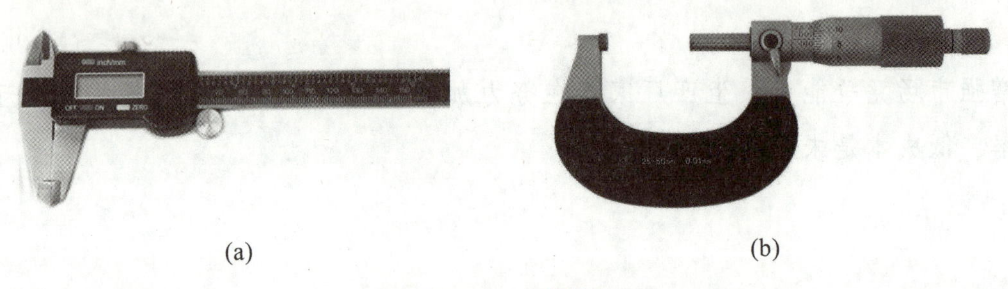

(a) (b)

图 1-2-1 量具

(a) 游标卡尺；(b) 外径千分尺

量具具有结构简单，通过直接接触被测要素进行测量，可以直接指示出长度的单位或界限，操作简单，测量方便等特点。

2. 量规

量规是一种没有刻度的定值测量器具。采用量规检验零件时，只能判断零件是否在规定的验收极限范围内，而不能测出零件实际尺寸和几何误差的数值。常见的量规有光滑极限量规、螺纹量规等，如图 1-2-2 所示。

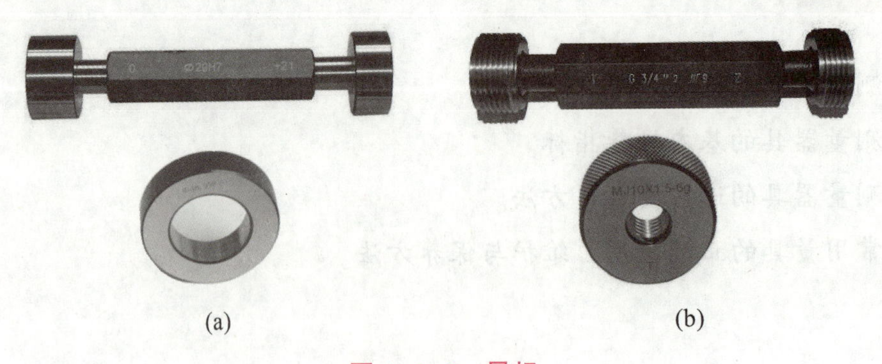

(a) (b)

图 1-2-2 量规

(a) 光滑极限量规；(b) 螺纹量规

量规具有结构设计简单，使用方便、可靠，检验零件的效率高等特点，主要应用于成批或大量生产中产品的检测。

3. 量仪

量仪是指用来测量零件或检定量具的仪器，它是利用机械、光学、气动、电动等原理将长度单位放大或细分的测量器具。常见的量仪主要有影像仪、立式光学计等，如图 1-2-3 所示。

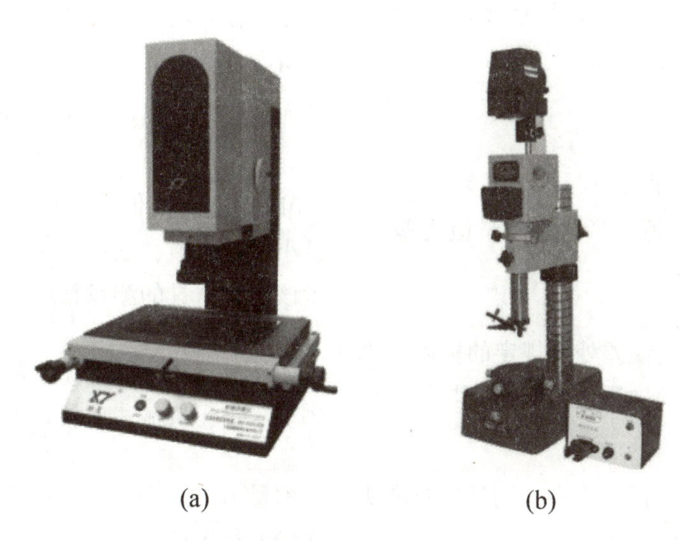

(a)　　(b)

图 1-2-3　量规

（a）影像仪；（b）立式光学计

与量具相比，量仪具有灵敏度高、精度高、测量力小等优点；缺点是结构比较复杂。

4. 计量装置

计量装置是确定被测量所必需的测量器具和辅助设备的总称，它能够测量同一工件上较多的几何参数和形状比较复杂的工件，有助于实现检测自动化和半自动化。常见的计量装置主要有 V 形块、方箱和千分尺底座等，如图 1-2-4 所示。

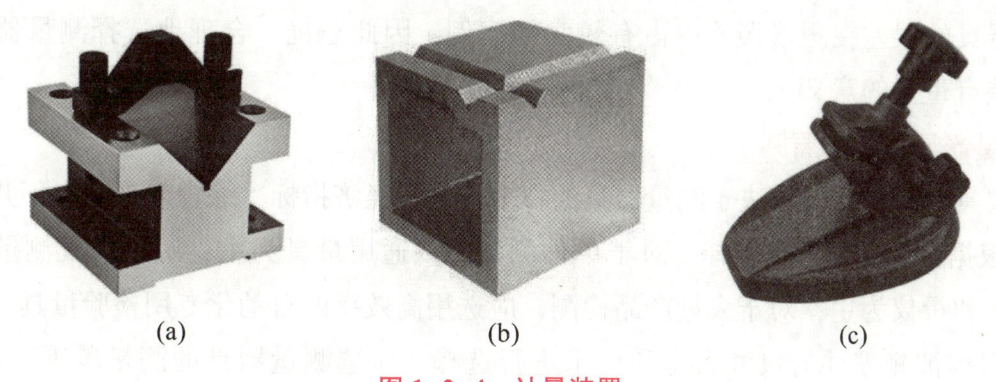

(a)　　(b)　　(c)

图 1-2-4　计量装置

（a）V 形块；（b）方箱；（c）千分尺底座

随着我国经济的不断腾飞，科技的不断进步，中国测量仪器行业实现了“从无到有”，并朝着“从有到强”迈进。

二、测量器具的主要技术指标

测量器具的技术指标是表征测量器具的性能和功用的指标，也是使用测量器具的主要依据。测量器具的主要技术指标如表 1-2-1 所示。

表 1-2-1　测量器具的主要技术指标

技术指标	含义	说明
量具标称值	标注在量具上用以标明其特性或指导其使用的量值	如标在量块上的尺寸，标在刻线尺上的尺寸，标在角度量块上的角度等
分度值	测量器具的标尺上，相邻两刻线（最小单位量值）所代表的量值之差	如外径千分尺微分筒上相邻两刻线所代表的量值之差为 0.01 mm，则该测量器具的分度值为 0.01 mm。分度值是一种测量器具所能直接读出的最小单位量值，它反映了读数精度的高低，也说明了该测量器具的测量精度高低
测量范围	测量器具的误差处于规定的极限范围内所能测得的被测量的最小值与最大值之间的范围	如外径千分尺的测量范围有 0~25 mm、25~50 mm 等，机械式比较仪的测量范围为 0~180 mm
测量力	在接触式测量过程中，测量器具测头与被测量面间的接触压力	测量力太大会引起弹性变形，测量力太小会影响接触的稳定性
示值误差	测量仪器的示值与被测量的真值之差	示值误差是测量仪器本身各种误差的综合反映。仪器示值范围内的不同工作点，示值误差是不相同的。一般可用适当精度的量块或其他计量标准器，来检定测量器具的示值误差

三、测量器具的选择

测量器具的误差在测量误差中占有较大的比例，因此正确、合理地选择测量器具，对减小测量误差有重要的意义。

1. 测量器具的选择原则

测量器具的选择主要取决于测量器具的技术指标和经济指标，综合起来有以下几点。

（1）根据生产性质进行选择。对于单件测量，以通用量具为主；对于成批测量，以专用量具、量规和量仪为主；对于大量产品检测，应选用高效率的自动化专用检验量具。

（2）根据被测零件的尺寸大小和要求进行选择。所选测量器具的测量范围、示值范围、分度值等能满足要求。

（3）根据被测零件的尺寸精度进行选择。零件公差小，对量具的精度要求高；公差大，对量具精度要求低。极限误差一般为测量公差的 1/10（低精度）~1/3（高精度）。

（4）应考虑选用标准化、系列化、通用化的测量器具，便于安装、使用、维修和更换。

（5）应保证测量的经济性。从测量器具成本、耐磨性、检验时间、方便性和检验人员的技术水平来综合考虑其测量的经济性。

总之，测量器具的选用是一个综合性的问题，应根据具体情况做具体分析并选用。在能

保证测量精度的情况下，应尽量选择使用方便和比较经济的测量器具。

四、测量器具的正确使用

1. 测量器具的正确使用

正确使用测量器具能够有效提高测量精度。在使用测量器具进行测量时应注意以下几点。

1）坚持标准件的定期检定制度

标准件的误差虽然小，但是经常使用也会产生磨损，使误差值增大。其选用标准为误差不应超过总测量误差的1/5，或者标准件的精度等级比被测件高3级。同时，还要在测得值中加上标准件的修正值。

2）减少测量方法误差的影响

正确选择测量基准面、测量方法和被测件的定位安装方式，可以减少测量误差。

3）减少量具误差的影响

量具在检定规程或校准办法中都规定了允许的示值误差，以保证一定的测量精度。为防止量具由于磨损和使用不当等原因逐渐丧失检定后的精确度，应注意以下几点。

(1) 不使用不合格的量具。量具必须经过检定合格且在有效期内才准许使用。注明修正值的，测量时应把修正值加上。

(2) 在使用量具前要校对零位。

(3) 量具、测头应滑动均匀，避免出现过松或过紧的现象。

4）减少测量力引起的误差

为了减少测量力引起的测量误差，测量时测量力的大小要适当、稳定性要好。测量时要注意以下几点。

(1) 测量时的测量力，应尽量与校零时的测量力保持一致；多次测量时，测量力的大小要稳定。

(2) 测量过程中，量具的测头要轻轻接触被测件，避免用力过猛或冲击现象的发生。

(3) 某些量具带有测量力的恒定装置（如千分尺的测力装置），测量时必须使用。

5）减少温度引起的误差

温度变化对测量结果有很大的影响，特别是在精密测量和大尺寸测量时，影响更为显著。当量具、被测件的温度变化较大或二者温差较大时，会导致测量结果不准确。

以下几种方法，能减少温度引起的误差。

(1) 精密测量应在恒温室内、标准温度（20 ℃）下进行。

(2) 应使量具与被测件的线膨胀系数相接近。在相对测量（比较法）时，标准件的材料尽可能与被测件相同，或者挑选质量较好的被测件作为标准件。

(3) 采用定温的方法（即量具和被测件在同一个温度下），并经过一定时间的放置，使二者与周围环境的温度相一致，然后再进行测量。

(4) 量具不应放在热源（如火炉、暖气等）附近和阳光下，以及没有绝热装置的机床变速箱、风口等高温或低温的地方。

(5) 注意测量者的体温、手温等因素对量具的影响，如不应把精密量具放在口袋或长时间拿在手中；有隔热装置的量具，测量时应拿在隔热装置部分。

6) 减少主观原因造成的误差

(1) 掌握量具的正确使用方法及读数原理，避免或减少测错现象。

(2) 测量时应认真仔细，注意力集中，避免出现读错、记错等误差。

(3) 在同一位置上多测几次，取其平均值作为测量结果，可减少测量误差。

(4) 减少视觉误差，学会正确读数。

五、测量器具的维护和保养

(1) 不要用油石、砂纸等坚硬的东西擦拭测量器具的测量面和刻线部分。

(2) 非计量人员严禁拆卸、改装、修理测量器具。

(3) 测量器具的存放地点要求清洁、干燥、无震动、无腐蚀性气体；测量器具不应放在火炉、床头箱、风口等高温或低温的地方，不应放在磁性卡盘等磁场附近，以免磁化，造成测量误差。

(4) 不要用手直接摸测量器具的测量面，以免因手汗、污渍等污染测量面，使之锈蚀。

(5) 禁止将测量器具当成其他工具使用。

(6) 禁止用精密测量器具检测铸、锻毛坯表面或粗糙表面，要保持测量器具的使用精度。

(7) 测量器具不允许和其他工具混放，以免碰伤、挤压变形。

(8) 使用后的测量器具要擦拭干净，松开紧固装置；暂时不用的，清洗后要在测量面上涂上防锈油，放入盒内。存放时不要使两个测量面接触，以免生锈。

任务练习

一、填空题

1. 测量器具是指能________或________测出被测对象________的测量装置，是________、________、________和________的总称。

2. 分度值是一种测量器具所能直接读出的________，它反映了读数________的高低，也说明了该测量器具的________高低。

3. 量仪是指用来________零件或________量具的仪器。

二、选择题

1. 家中常用的钢直尺属于(　　)。

A. 量具　　B. 量规　　C. 量仪　　D. 计量装置

2. 测量器具的误差处于规定的极限内所能测得的被测量的最小值与最大值之间的范围称为(　　)。

A. 量具标称值　　B. 分度值　　C. 测量范围　　D. 示值误差

3. 单件测量通常选择(　　)。

A. 通用量具　　B. 专用量具　　C. 专用量规　　D. 专用量仪

三、判断题

1. 采用量规检验零件时，只能判断零件是否在规定的验收极限范围内，而不能测出零件实际尺寸和几何误差的数值。(　　)

2. 测量时无需考虑温度问题，因为温度变化对测量结果没有影响。(　　)

3. 测量器具的误差在测量误差中占有较大的比例。(　　)

4. 测量时，测量力不能太大也不能太小。(　　)

四、简答题

1. 测量器具的主要技术指标有哪些？

2. 测量器具的选择原则是什么？

3. 测量器具使用时应注意哪些问题？

4. 如何进行测量器具的维护和保养？

任务拓展

阅读材料——现代测量器具发展现状及趋势

如今，信息技术已经成为推动科学技术和国民经济高速发展的关键因素。如何用先进的信息技术来提升、改造我国的传统制造业，实现生产力跨越式发展的战略结构调整，是装备制造业面临的一项紧迫任务。信息技术包括测量技术、计算机技术和通信技术，其中测量技术是关键和基础。采用先进的信息化数字测量技术和产品来迅速提升装备制造业水平，是当前一个重要的发展方向。

1. 数字化测量技术

数字化测量技术是数字化制造技术的一个重要的、不可或缺的组成部分；数字化测量仪器、数字化量具产品的不断丰富和发展，适合并满足了生产现场不断提高的使用要求。此技术的应用有多种数显量具、齿轮测量中心、数字式对刀仪、三坐标测量机等。

2. 测量技术与制造系统的集成

将现代测量技术及仪器融合、集成于先进制造系统，从而构建成完备的先进闭环制造系统，为“零废品”制造奠定了基础。例如，圆柱齿轮/锥齿轮闭环制造系统采用先进的齿轮测量中心及相应的齿轮测量软件，与齿轮加工机床相连，实现了圆柱齿轮、弧锥齿轮的CAD/

CAM/CAI的闭环制造。

3. 在线在机测量技术

在线在机测量技术以及工位量仪、主动量仪是大批量生产时保证加工质量的重要手段。计量型仪器进入生产现场、融入生产线、监控生产过程，需要其具有高可靠性、高效率、高精度以及质量统计功能、故障诊断功能，而近年来开发的各种在线在机测量仪器满足了这些要求。

4. 激光测量技术和仪器

随着激光测量技术的发展，纳米分辨率激光干涉测量系统在超精测量和超精加工机床上得到了广泛应用。

5. 微米、纳米级高精度传感器

传感器向小型化、微米、纳米级精度发展，生产现场适应性更强，精度更高。

6. 测量软件功能的增强和扩展

(1) 测量软件已从“被动”的测量数据处理和单个产品质量评定，发展为“主动”的生产过程加工质量的监控和故障诊断。

(2) 相同或不同类型多传感器海量测量数据的集成融合技术，大大提高了反求工程（逆向工程）的制造质量并缩短了开发周期。

(3) 对虚拟测量技术和虚拟仪器（虚拟量仪）的研究不断深入，虚拟仪器产品不断更新。

任务三 认识尺寸与公差基础知识

按照设计标准，大量生产机械产品时，加工出的零件应能够按照标准进行装配；在更换零件时，符合配合公差的要求的零件应能够进行互换，提高零件之间的互换性和通用性，便于质量管理。

任务目标

(1) 熟悉互换性概念与标准化内容。

(2) 理解尺寸、偏差、尺寸公差等定义及相关术语。

(3) 掌握零件尺寸合格判定条件。

任务描述

现代工业生产中，要使产品具有互换性，必须采用互换性生产原则，而保证产品具有互换性的前提是产品的精度必须控制在公差范围之内。通过对本任务的学习，学生应熟悉互换性与标准化的概念与内容，学好公差与配合基础知识，为后续测量技术的学习打下坚实的基础。

知识链接

一、互换性

1. 互换性概念

互换性是指规格相同的一批零部件在装配或更换时，不需做任何挑选、调整或修配，并且满足预定的使用功能要求的特性。实际生产中，机器上的螺钉丢了，重新找一个规格相同的装上就可以了；日常生活中，家里的水龙头坏了，只要换上相同型号的水龙头就能正常使用；电视机、自行车、钟表中的零件损坏了，也可以快速换一个同样规格的新零件以达到其使用功能要求，这些都是互换性的体现。

2. 互换性的分类

互换性按其互换程度分为完全互换和不完全互换，如表 1-3-1 所示。

表 1-3-1　互换性分类

类型	定义	应用
完全互换	零件在装配或更换时，不经选择、调整与修配，装配后即可满足预定的使用功能	一般标准件有螺钉、螺母、滚动轴承、齿轮等。完全互换性应用于中等精度、批量生产
不完全互换	零件精度要求很高，按完全互换法加工困难，生产成本高，此时可将工件的尺寸公差放大，装配前，先进行测量，然后分组进行装配，以保证使用要求。装配中需要对零部件进行挑选或调整，以达到装配精度要求，称为调整法	不完全互换只限于部件或机构在制造厂内装配时使用。小批量和单件生产，常采用调整法生产

3. 互换性在机械制造业中的作用

互换性的作用主要体现在以下 3 个方面。

（1）设计方面：可以最大限度地采用标准件、通用件和标准部件，大大简化了绘图和计算工作，缩短了设计周期，并有利于计算机辅助设计和产品的多样化。

（2）制造方面：有利于组织专业化生产，便于采用先进工艺和高效率的专用设备，有利于计算机辅助制造，并实现加工过程和装配过程的机械化、自动化。

（3）维修方面：减少了机器的维修时间和费用，提高了机器的使用价值。

综上所述，机械制造业中应遵循互换性原则，以提高生产效率，保证生产质量，降低生产成本。

二、标准与标准化

标准与标准化是实现产品互换性生产，使分散的生产环节相互协调、统一的重要手段。

1. 标准

标准是指根据科学技术和生产经验的综合成果，在充分协商的基础上，由主管机构批准，以特定形式发布，作为行业共同遵守的准则和依据。按照标准的适应领域和有效范围的不同，其分类也各不相同，如表1-3-2所示。

表1-3-2 标准的分类

分类方法	类型
按使用范围	国家标准（GB/T）、行业标准（JB）、地方标准（DB）和企业标准（QB）
按作用范围	国际标准、区域标准、国家标准、地方标准和试行标准
按标准化对象的特征	基础标准、产品标准、方法标准和安全、卫生与环境保护标准
按标准的性质	技术标准、工作标准和管理标准

标准对于改进产品质量，缩短产品生产周期，开发新产品、协作配套，提高经济效益，发展市场经济和对外贸易等有着重要的意义。标准是企业生存、发展的重要技术基础，是各行各业实现管理现代化的捷径，更是国民经济持续稳定协调发展的保证。

2. 标准化

为适应科学发展和组织生产的需要，在产品质量、品种规格、零部件通用等方面，规定统一的技术标准，这一过程称为标准化。标准化可分国际或全国范围的标准化及工业部门的标准化。

标准化工作包括制定标准、发布标准、组织实施标准和对标准的实施进行监督等全部活动过程。标准化是组织现代化生产的重要手段，是实现互换性的必要前提，是国家现代化水平的重要标志之一。增强标准化意识和贯彻标准的自觉性，应从自身做起，从现在做起，从小事做起，让标准化落到实处。

三、极限的基本术语及定义

1. 孔和轴的定义

GB/T 1800.1-2020《产品几何技术规范（GPS）线性尺寸公差 ISO 代号体系 第1部分：公差、偏差和配合的基础》主要规范了孔、轴的尺寸公差，并对孔和轴的配合作出了规定。

1）孔

孔通常为零件各种形状的内表面，包括圆柱形内表面和其他由单一尺寸形成的圆柱形包容面。孔的直径尺寸用 D 表示，如图 1-3-1（a）所示。

2）轴

轴通常为零件各种形状的外表面，包括圆柱形外表面和其他由单一尺寸形成的圆柱形被包容面。轴的直径尺寸用 d 表示，如图 1-3-1（b）所示。

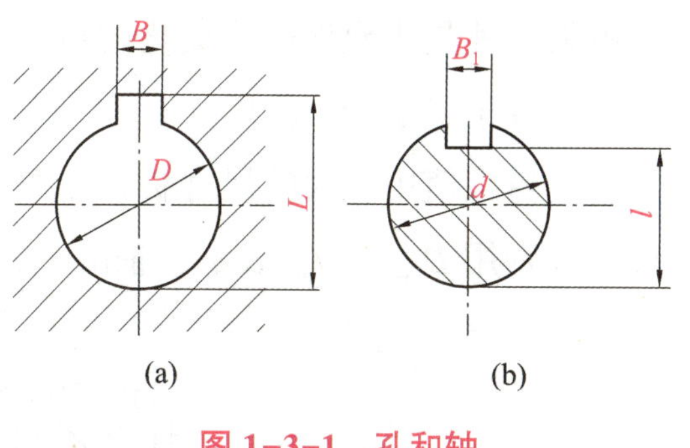

图 1-3-1　孔和轴

（a）孔；（b）轴

孔和轴具有广泛的含义，它们不仅表示通常理解的概念，即圆柱形的内、外表面，也包括由两平行平面或切面形成的包容面和被包容面。从加工过程看，孔的尺寸由小变大，轴的尺寸由大变小。

2. 尺寸的定义及相关术语

1）尺寸

尺寸是指用特定单位表示线性尺寸的数值，主要由数值和特定单位组成，如直径、长度、高度、中心距等。在机械制造中，一般用 mm 作为特定单位。在机械图样中，尺寸单位为 mm 时，通常可以省略单位。

2）公称尺寸（D，d）

公称尺寸是根据零件的使用性能要求，通过计算、试验或类比的方法，并经过标准化后确定的尺寸，是设计时给定的尺寸。孔和轴的公称尺寸分别用 D 和 d 表示。如图 1-3-2 所示，轴的公称尺寸为 $\phi50$，孔的公称尺寸为 $\phi65$。

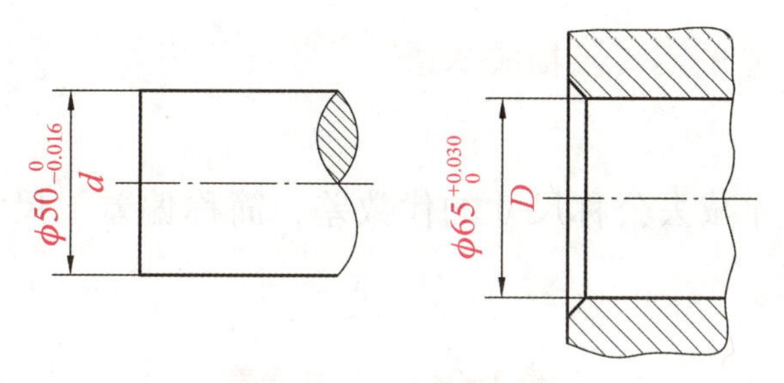

图 1-3-2　公称尺寸

3）实际尺寸（D_a、d_a）

实际尺寸是通过测量获得的尺寸，孔和轴的实际尺寸分别用 D_a 和 d_a 表示。由于在测量过程中，不可避免地存在测量误差，因此测得的实际尺寸并非尺寸的真值。又由于加工误差的存在，因此同一零件同一元素不同部位的实际尺寸也各不相同，如图 1-3-3 所示。

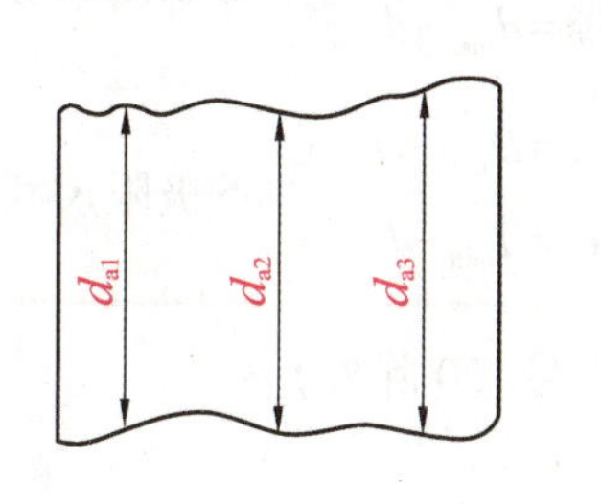

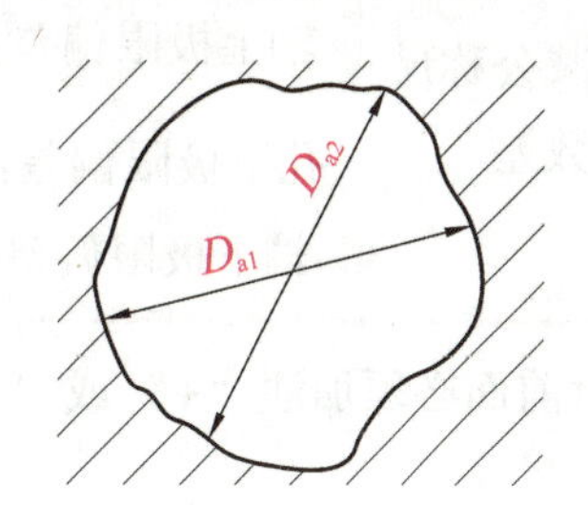

图 1-3-3　实际尺寸

4）极限尺寸

极限尺寸是指允许尺寸变化的两个界限值，它是以公称尺寸为基数确定的。极限尺寸可以大于、等于或小于公称尺寸。

两个界限值中较大的尺寸称为上极限尺寸，较小的尺寸称为下极限尺寸。孔的上、下极限尺寸分别用 D_{max}、D_{min} 表示，轴的上、下极限尺寸分别用 d_{max}、d_{min} 表示，如图 1-3-4 所示。

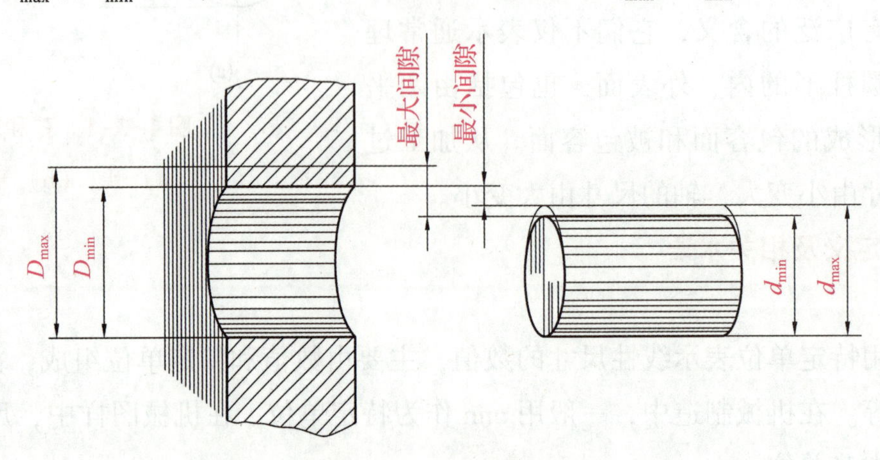

图 1-3-4　极限尺寸

零件尺寸合格与否取决于实际尺寸是否在极限尺寸所确定的范围之内，与其基本尺寸无直接关系。因此，实际尺寸合格判定条件如下。

孔：$D_{max} \geqslant D_a \geqslant D_{min}$

轴：$d_{max} \geqslant d_a \geqslant d_{min}$

3. 尺寸偏差、尺寸公差的定义及相关术语

1）尺寸偏差

尺寸偏差是指某一尺寸减去公称尺寸的代数差，简称偏差。尺寸偏差包括实际偏差和极限偏差，如表 1-3-3 所示。

表 1-3-3　尺寸偏差

类型	定义	表达式	说明
实际偏差	实际尺寸减去公称尺寸所得的代数差	孔：$E_A = D_a - D$ 轴：$e_a = d_a - d$	实际偏差可以为正值、负值或0。合格零件的实际偏差应在上、下偏差之间
极限偏差	极限尺寸减公称尺寸所得的代数差	孔上极限偏差：$ES = D_{max} - D$ 轴上极限偏差：$es = d_{max} - d$	上极限尺寸减公称尺寸所得的代数差
		孔下极限偏差：$EI = D_{min} - D$ 轴下极限偏差：$ei = d_{min} - d$	下极限尺寸减公称尺寸所得的代数差

注：标注和计算偏差时前面必须加注“+”或“-”号（0 除外）。

2）尺寸公差

尺寸公差是指允许尺寸变动的量，等于上极限尺寸与下极限尺寸代数差的绝对值，或等

于上极限偏差与下极限偏差代数差的绝对值，简称公差。孔、轴尺寸公差如图 1-3-5 所示。

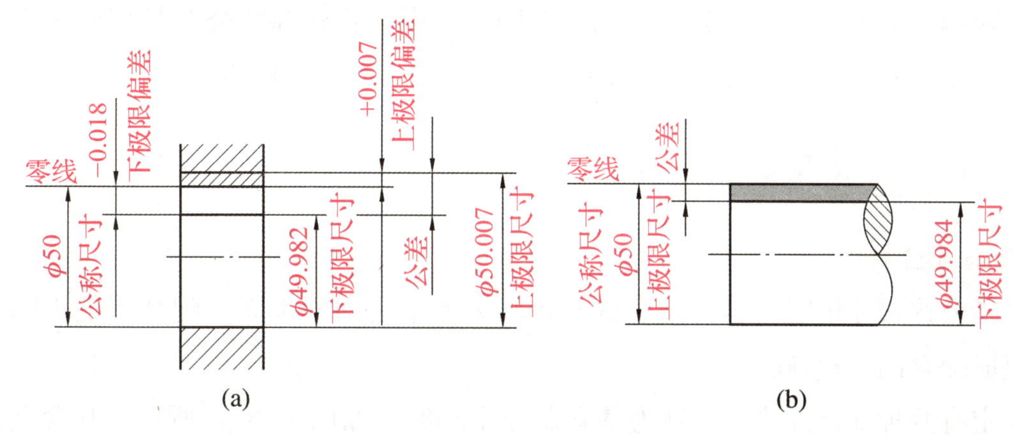

图 1-3-5　尺寸公差

（a）孔尺寸公差；（b）轴尺寸公差

零件制造过程中，由于加工或测量等因素的影响，完工后的实际尺寸总存在一定的误差。为保证零件的互换性，必须将零件的实际尺寸控制在允许变动的公差范围之内。公差是绝对值，计算时不能加正、负号，且不能为 0。

孔和轴的尺寸公差分别用 T_h 和 T_s 表示，如表 1-3-4 所示。

表 1-3-4　孔和轴的尺寸公差

尺寸公差	表达式	
孔	$T_h=\lvert D_{max}-D_{min}\rvert$	$T_h=\lvert ES-EI\rvert$
轴	$T_s=\lvert d_{max}-d_{min}\rvert$	$T_s=\lvert es-ei\rvert$

从加工角度看，公称尺寸相同的零件，公差值越大表示精度越低，加工就越容易；公差值越小表示精度越高，加工就越困难。

4. 公差带与公差带图

为了直观反映出尺寸、偏差和公差之间的关系，常用公差带图这种表达形式。公差带图由零线和公差带组成，如表 1-3-5 所示。

表 1-3-5　公差带图

组成	含义	公差带图
零线	代表公称尺寸的线，是极限偏差的起始线。零线上方为正偏差，下方为负偏差	+ 孔公差带 ES EI 0 零线 es ei 轴公差带 − 公称尺寸
公差带	由代表上极限偏差和下极限偏差或上极限尺寸和下极限尺寸的两条直线所限定的一个区域	

公差带有两个要素：一是公差带的大小，它取决于公差数值的大小；二是公差带的位置，它取决于极限偏差的大小。一般为了区别，在同一图中，孔和轴的公差带剖面线方向应该相反，且疏密程度不同（或孔公差带图用剖面线，轴公差带图用空白表示）。

四、配合的定义及基本术语

1. 配合与配合制

配合是指公称尺寸相同的相互配合的孔和轴公差带之间的关系。配合制是指同一极限制的孔和轴组成配合的一种制度。

国家规定有两种配合方式，分别为基孔制和基轴制，如图 1-3-6 所示，其含义及说明如表 1-3-6 所示。不同的基准制将影响公差带所在的位置。常用尺寸范围（500 mm 以下）一般优先选择基孔制。

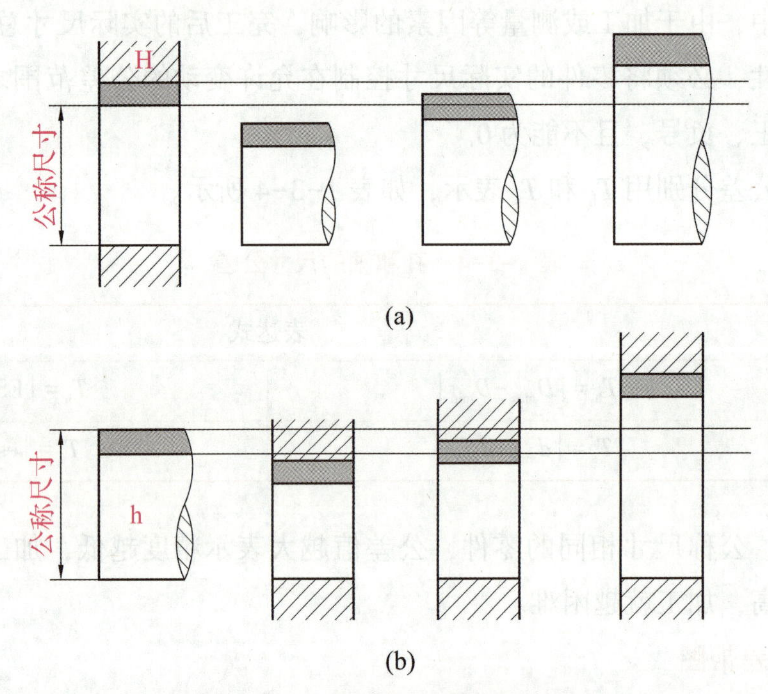

图 1-3-6　配合制的含义及说明

（a）基孔制配合；（b）基轴制配合

表 1-3-6　配合制的含义及说明

配合制	含义	说明
基孔制	基本偏差为一定的孔的公差带，与不同基本偏差的轴的公差带形成各种配合的一种制度	基孔制配合的孔称为基准孔，标准规定基准孔的基本偏差（下极限偏差）为 0（即 EI=0），基准孔的代号为“H”
基轴制	基本偏差为一定的轴的公差带，与不同基本偏差的孔的公差带形成各种配合的一种制度	基轴制配合的轴称为基准轴，标准规定基准轴的基本偏差（上极限偏差）为 0（即 es=0），基准轴的代号为“h”

2. 配合的类型

根据相互配合的孔、轴公差带的不同相对位置关系，可以把配合分为间隙配合、过盈配合和过渡配合。

孔的尺寸减去相配合的轴的尺寸所得的代数差为正时称为间隙，用 X 表示；为负时称为过盈，用 Y 表示。

1）间隙配合

具有间隙（包括最小间隙为 0）的配合，称为间隙配合。间隙配合的孔的公差带在轴的公差带之上，即孔的实际尺寸永远大于或等于轴的实际尺寸，如图 1-3-7 所示。

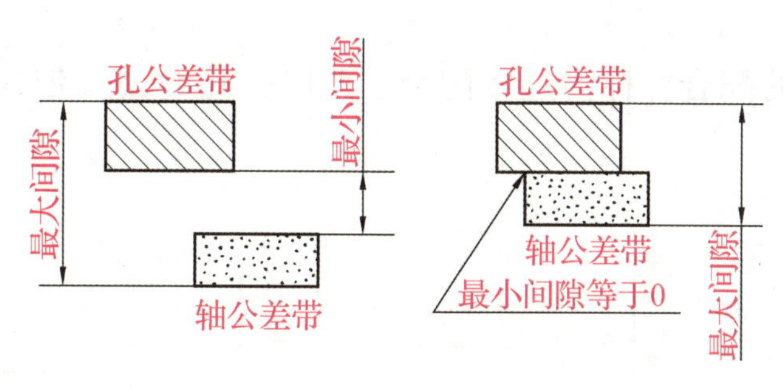

图 1-3-7　间隙配合

极限间隙、平均间隙及配合公差公式如表 1-3-7 所示。

表 1-3-7　极限间隙、平均间隙及配合公差公式

间隙配合	公式
最大间隙	$X_{max}=D_{max}-d_{min}=\mathrm{ES}-\mathrm{ei}$
最小间隙	$X_{min}=D_{min}-d_{max}=\mathrm{EI}-\mathrm{es}$
平均间隙	$X_{av}=(X_{max}+X_{min})/2$
配合公差	$T_f=\lvert X_{max}-X_{min}\rvert=T_h+T_s$

2）过盈配合

具有过盈（包括最小过盈为 0）的配合，称为过盈配合。过盈配合孔的公差带在轴的公差带之下，即轴的实际尺寸永远大于或等于孔的实际尺寸，如图 1-3-8 所示。

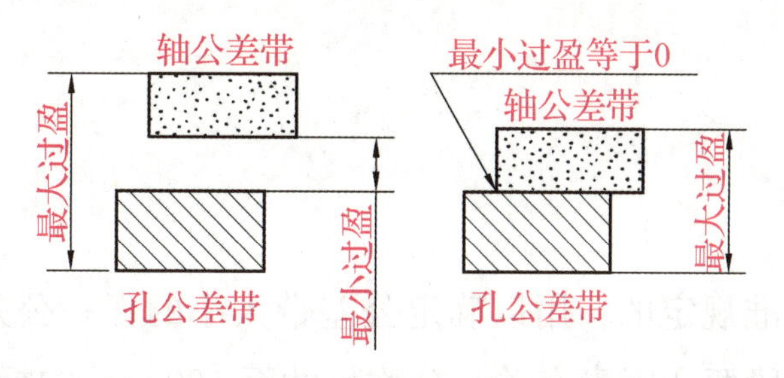

图 1-3-8　过盈配合

极限过盈、平均过盈及配合公差公式如表 1-3-8 所示。

表 1-3-8 极限过盈、平均过盈及配合公差公式

过盈配合	公式
最大过盈	$Y_{max} = D_{min} - d_{max} = EI - es$
最小过盈	$Y_{min} = D_{max} - d_{min} = ES - ei$
平均过盈	$Y_{av} = (Y_{max} + Y_{min})/2$
配合公差	$T_f = \lvert Y_{max} - Y_{min} \rvert = T_h + T_s$

3）过渡配合

可能有间隙或过盈的配合，称为过渡配合。此时，孔的公差带与轴的公差带相互交叠，如图 1-3-9 所示。

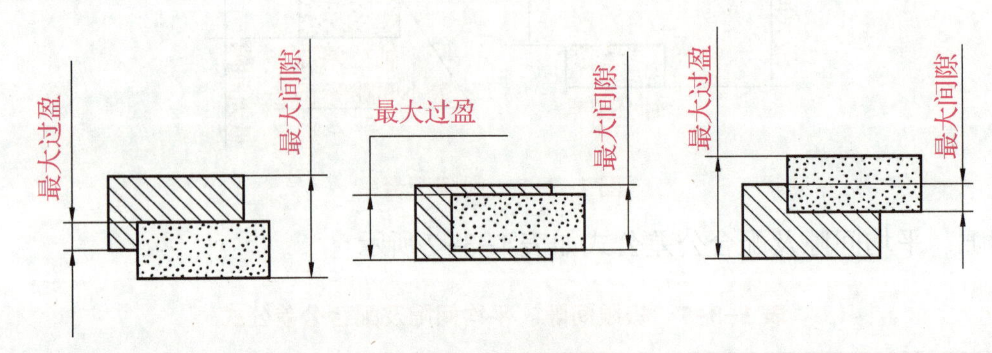

图 1-3-9 过渡配合

极限间隙（或过盈）、平均间隙（或过盈）及配合公差公式如表 1-3-9 所示。

表 1-3-9 极限间隙（或过盈）、平均间隙（或过盈）及配合公差公式

过渡配合	公式
最大间隙	$X_{max} = D_{max} - d_{min} = ES - ei$
最大过盈	$Y_{max} = D_{min} - d_{max} = EI - es$
平均间隙（过盈）	$X_{av}(Y_{av}) = (X_{max} + Y_{max})/2$
配合公差	$T_f = \lvert X_{max} - Y_{max} \rvert = T_h + T_s$

五、标准公差

1. 标准公差

标准公差是由国家标准规定的，用以确定公差带大小的任一公差。标准公差的数值与标准公差等级和公称尺寸分段两个因素有关。公称尺寸至 500 mm 的标准公差数值如表 1-3-10 所示。

表 1-3-10　标准公差数值

公称尺寸/mm		公差等级																			
		IT01	IT0	IT1	IT2	IT3	IT4	IT5	IT6	IT7	IT8	IT9	IT10	IT11	IT12	IT13	IT14	IT15	IT16	IT17	IT18
大于	至	μm													mm						
0	3	0.3	0.5	0.8	1.2	2	3	4	6	10	14	25	40	60	0.10	0.14	0.25	0.40	0.60	1.0	1.4
3	6	0.4	0.6	1	1.5	2.5	4	5	8	12	18	30	48	75	0.12	0.18	0.30	0.48	0.75	1.2	1.8
6	10	0.4	0.6	1	1.5	2.5	4	6	9	15	22	36	58	90	0.15	0.22	0.36	0.58	0.90	1.5	2.2
10	18	0.5	0.8	1.2	2	3	5	8	11	18	27	43	70	110	0.18	0.27	0.43	0.70	1.10	1.8	2.7
18	30	0.6	1	1.5	2.5	4	6	9	13	21	33	52	84	130	0.21	0.33	0.52	0.84	1.30	2.1	3.3
30	50	0.6	1	1.5	2.5	4	7	11	16	25	39	62	100	160	0.25	0.39	0.62	1.00	1.60	2.5	3.9
50	80	0.8	1.2	2	3	5	8	13	19	30	46	74	120	190	0.30	0.46	0.74	1.20	1.90	3.0	4.6
80	120	1	1.5	2.5	4	6	10	15	22	35	54	87	140	220	0.35	0.54	0.87	1.40	2.20	3.5	5.4
120	180	1.2	2	3.5	5	8	12	18	25	40	63	100	160	250	0.40	0.63	1.00	1.60	2.50	4.0	6.3
180	250	2	3	4.5	7	10	14	20	29	46	72	115	185	290	0.46	0.72	1.15	1.85	2.90	4.6	7.2
250	315	2.5	4	6	8	12	16	23	32	52	81	130	210	320	0.52	0.81	1.30	2.10	3.20	5.2	8.1
315	400	3	5	7	9	13	18	25	36	57	89	140	230	360	0.57	0.89	1.40	2.30	3.60	5.7	8.9
400	500	4	6	8	10	15	20	27	40	63	97	155	250	400	0.63	0.97	1.55	2.50	4.00	6.3	9.7

注：公称尺寸小于 1 mm 时，无 IT14 至 IT18。尺寸大于 500 mm 的 IT1 至 IT15 的标准公差为试行。

确定零件尺寸精度程度的等级称为标准公差等级。国家标准将公称尺寸至 500 mm 的公差等级分为 20 级，分别用 IT01、IT0、IT1、IT2、…、IT18 表示。从 IT01～IT18 等级精度依次降低，相应的公差数值依次增大，加工越容易。

公差等级越高，零件精度越高，使用性能提高，但加工难度大，生产成本高；公差等级越低，零件精度低，使用性能降低，容易加工，生产成本低。因此，公差的选用原则是在满足使用要求的前提下，尽可能选择较低的公差等级，以便更好地解决产品零件的使用要求与加工成本之间的矛盾。

2. 基本偏差

基本偏差是指用来确定公差带相对于零线位置的上极限偏差或下极限偏差，一般是指靠近零线的那个偏差。当公差带位于零线上方时，规定基本偏差为下极限偏差；当公差带位于零线下方时，规定基本偏差为上极限偏差。基本偏差是公差带位置标准化的重要指标。

国家标准规定基本偏差的代号用拉丁字母表示。标准中对孔和轴各规定了 28 个基本偏差代号，其中孔用大写字母表示，轴用小写字母表示。28 个基本偏差代号中，除去 26 个字母中易与其他混淆的 I，L，O，Q，W（i，l，o，q，w）5 个字母外，再加上用两个字母 CD，EF，FG，ZA，ZB，ZC，JS（cd，ef，fg，za，zb，zc，js）表示的 7 个。孔或轴的基本偏差系列，反映了 28 种公差带相对于零线的位置，如图 1-3-10 所示。

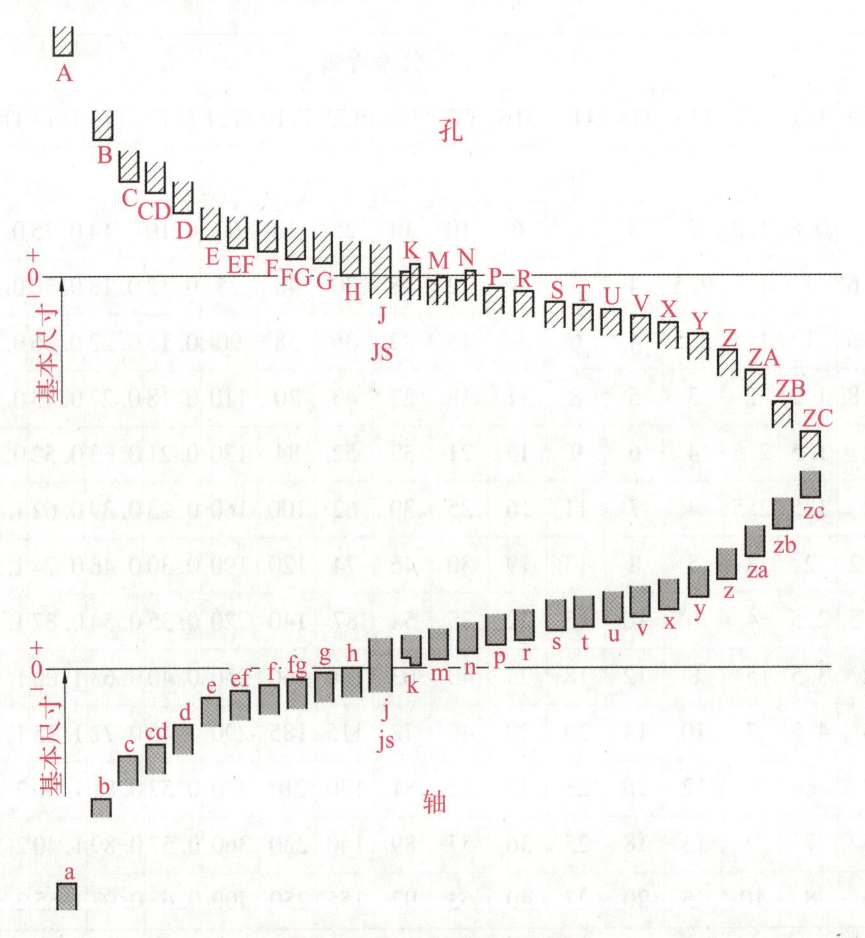

图 1-3-10 基本偏差系列

孔的基本偏差中，A~H 的基本偏差为下极限偏差 EI；J~ZC 的基本偏差为上极限偏差 ES（除 J 和 K 外）；轴的基本偏差中，a~h 的基本偏差为上极限偏差 es，j~zc 的基本偏差为下极限偏差 ei（除 j 和 k 外）。其中，H 和 h 的基本偏差为 0，分别表示基准孔和基准轴。

基本偏差确定后，按公差等级确定标准公差 IT，另一极限偏差即可按下列公式计算。

轴：$es=ei+IT$ 或 $ei=es-IT$

孔：$ES=EI+IT$ 或 $EI=ES-IT$

六、公差带代号及配合代号

1. 公差带代号

孔、轴公差带代号由基本偏差代号与公差等级代号组成。例如，ϕ40H7 为孔的公差代号，ϕ20f7 为轴的公差代号。

尺寸公差的标注形式有以下 3 种：

（1）只标注孔或轴的公差代号，不注具体极限偏差数值，如 ϕ20H7；

（2）只标注孔或轴的极限偏差数值，不注公差带代号，如 $\phi 25_{-0.041}^{-0.020}$；

（3）公差带代号和极限偏差数值同时注出，极限偏差应加圆括号，如 ϕ25f7（$_{-0.041}^{-0.020}$）。

2. 配合代号

配合代号用基本偏差代号和公差等级代号的组合来表示，写成分数形式。分子为孔的公差代号，分母为轴的公差代号，如 $\phi35\dfrac{H7}{p6}$。

任务练习

一、填空题

1. 互换性是指规格相同的一批零部件在装配或更换时，不需做任何________、________或________，并且满足预定的使用功能要求的特性。

2. 互换性按其互换程度分为________和________。

3. ________通常为零件各种形状的内表面，其直径尺寸用________表示。

4. ________通常为零件各种形状的外表面，其直径尺寸用________表示。

5. 尺寸是指用________表示________，主要由________和________组成。

6. 从加工过程看，________的尺寸由小变大，________的尺寸由大变小。

7. 尺寸要素允许的最大尺寸称为________，尺寸要素允许的最小尺寸称为________。

8. 根据相互配合的孔、轴的公差带不同相对位置关系，可以把配合分为________、________和________。

9. 国家规定有两种配合方式，分别为________和________。

10. 孔、轴公差带代号由________与________组成。

11. 选择配合制的原则：在一般情况下优先采用________。

二、选择题

1. 具有互换性的零件应是(　　)。

A. 相同规格的零件　　B. 不同规格的零件

C. 相互配合的零件　　D. 形状和尺寸完全相同的零件

2. 某种零件在装配时需要进行修配，则此种零件(　　)。

A. 有完全互换性　　B. 具有不完全互换性

C. 不具有互换性　　D. 无法确定其是否具有互换性

3. 对公称尺寸进行标准化是为了(　　)。

A. 简化设计过程　　B. 便于设计时的计算

C. 方便尺寸的测量　　D. 简化定值刀具、量具等的规格和数量

4. 上极限尺寸(　　)公称尺寸。

A. 大于　　B. 小于

C. 等于　　D. 大于、小于或等于

5. 下极限尺寸减其公称尺寸所得的代数差为(　　)。

A. 上极限偏差　B. 下极限偏差　C. 实际偏差　D. 基本偏差

6. 极限偏差是(　　)。

A. 加工后测量得到

B. 设计时确定的

C. 上极限尺寸与下极限尺寸之差

D. 极限尺寸减其公称尺寸所得的代数差

三、判断题

1. 零件尺寸合格与否取决于实际尺寸是否在极限尺寸所确定的范围之内，与其基本尺寸无直接关系。(　　)

2. 完全互换性的零部件装配的效率一定高于不完全互换性的零部件。(　　)

3. 为了使零件具有互换性，必须使各零件的加工误差控制在给定的公差范围内。(　　)

4. 尺寸公差等于上极限尺寸减下极限尺寸之代数差的绝对值，也等于上极限偏差与下极限偏差之代数差的绝对值。(　　)

5. 公称尺寸是设计时确定的尺寸，因而零件的提取组成要素的局部尺寸越接近公称尺寸，其加工误差就越小。(　　)

6. 间隙配合中，孔的公差带在轴的公差带之上，因此孔的公差带一定在零线以上，轴的公差带一定在零线以下。(　　)

7. 零件的提取组成要素的局部尺寸位于所给定的两个极限尺寸之间，则零件的该尺寸为合格。(　　)

8. 某尺寸的上极限偏差一定大于下极限偏差。(　　)

9. 凡内表面皆为孔，凡外表面皆为轴。(　　)

10. EI≥es 的孔、轴配合是间隙配合。(　　)

11. 相互配合的孔和轴，其公称尺寸必须相同。(　　)

12. 标准公差数值与两个因素有关，即标准公差等级和公称尺寸分段。(　　)

13. 凡在配合中可能出现间隙的，其配合性质定属于间隙配合。(　　)

四、简答题

1. 互换性在机械制造业中的作用是什么?

2. 什么是孔和轴？它们有何区别?

3. 简述尺寸公差与极限偏差之间的区别和联系。

4. 简述配合制的概念。

5. 什么叫配合？配合分为哪几类，分别是如何定义的?

6. 什么是标准公差？国家规定了多少个公差等级?

7. 什么是基本偏差?

任务拓展

阅读材料——极限偏差数值的确定

用计算法确定孔和轴的极限偏差较为麻烦，所以国家标准中列出了的轴的极限偏差表（见附表Ⅰ）和孔的极限偏差表（见附表Ⅱ），方便快速确定孔和轴的上、下极限偏差数值。

极限偏差数值查找步骤如下：

（1）根据基本偏差代号大小写判断是孔还是轴，确定查找孔或轴的基本偏差数值表；

（2）由公称尺寸查行；

（3）由基本代号和公差等级查列，在行与列交汇处，就是所要查的极限偏差数值。

例：查 ϕ20H7 的极限偏差。

解：(1）根据基本偏差代号“H”为大写字母，确定应该查孔的极限偏差数值表。

（2）查行，根据公称尺寸 20 属于“大于 18 至 24”尺寸段，找到此段所在的行。

（3）查列，根据基本偏差代号“H”和公差等级“7”查找所在的列。

（4）行与列交汇处框格内的数值“21”，即 ϕ20H7 的极限偏差为 $^{+0.021}_{0}$ mm。

项目二

零件尺寸的测量

知识树

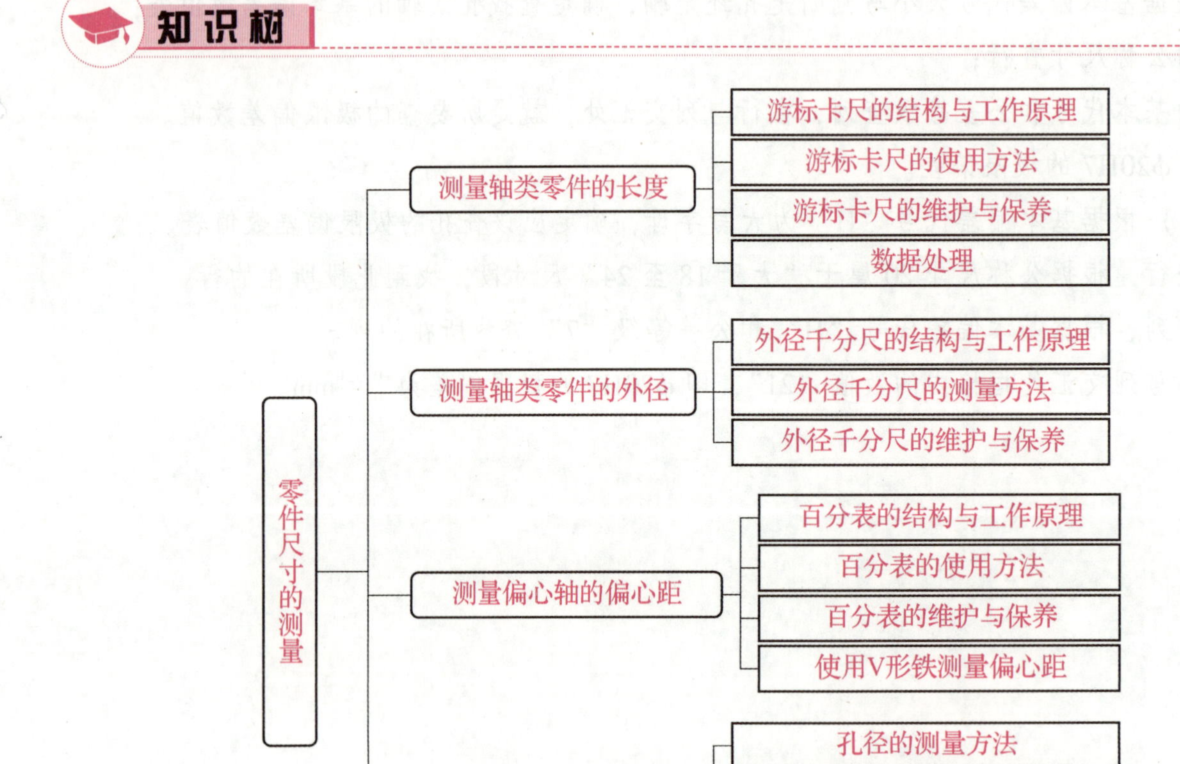

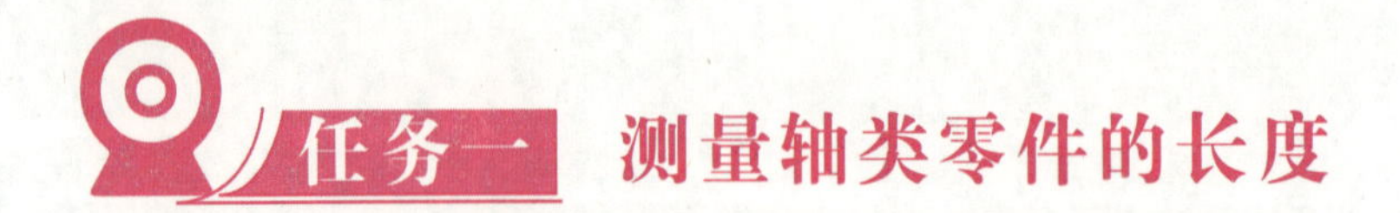

任务一　测量轴类零件的长度

轴类零件是机器中常用的典型零件，主要用来支承传动零部件、传递扭矩和承受载荷。轴类零件加工质量主要从尺寸精度、几何形状精度、位置精度和表面粗糙度几个方面进行控制。

任务目标

（1）理解游标卡尺的结构和刻线原理。

（2）掌握游标卡尺的测量方法。

（3）掌握游标卡尺的读数方法。

（4）了解游标卡尺的维护与保养方法。

任务描述

图 2-1-1 为一阶梯轴，学习轴上尺寸 15±0.10、4、25±0.02、75±0.10、$\phi30\pm0.02$、$\phi26$、$\phi44_{-0.02}^{\ 0}$、$\phi32_{-0.02}^{\ 0}$的正确测量方法。通过对本任务的学习，学生应掌握游标卡尺的正确使用方法，并能够根据测得的数据判定零件是否合格。

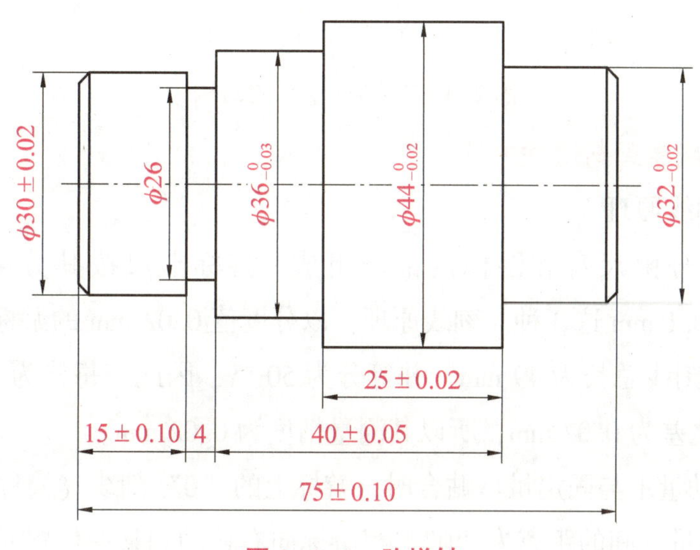

图 2-1-1　阶梯轴

知识链接

轴类零件的尺寸属于外尺寸，凡能测外尺寸的测量器具都能使用，具体测量方法、仪器根据被测件精度、工件特性、批量大小等来确定。当轴的精度要求不高时，常采用通用量具进行测量，如游标卡尺、千分尺等。

一、游标卡尺的结构与工作原理

游标卡尺作为一种被广泛使用的现代测量工具，它是刻线直尺的延伸和拓展。古代早期测量长度主要采用木杆或绳子，当有了长度的单位制以后，就出现了刻线直尺，刻线直尺最早起源于中国。汉代时期，中国就已经发明了大量的领先当时世界的先进仪器和器具，如浑天仪、地动仪、水排等。

1. 游标卡尺的结构

游标卡尺是一种常用的量具，可直接用来测量零件的长度、内径、外径以及深度等尺寸。游标卡尺具有结构简单，使用方便，测量精度中等，测量尺寸范围大和应用范围广等特点。

游标卡尺主要由主尺、内测量爪、外测量爪、游标、深度尺、紧固螺钉组成，其结构如图 2-1-2 所示。

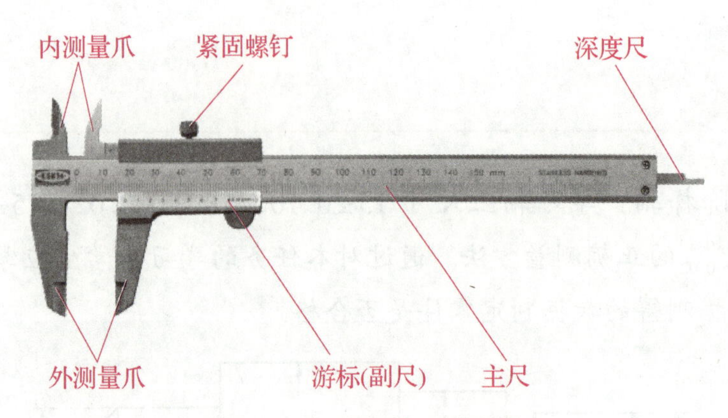

图 2-1-2　游标卡尺的结构

2. 游标卡尺的刻线原理与读数方法

1）游标卡尺的刻线原理

游标卡尺读数部分由尺身和游标两部分组成。游标卡尺按其分度值不同，可以分为 0.02 mm、0.05 mm、0.1 mm 这 3 种。刻线原理：以分度值 0.02 mm 的游标卡尺为例，其主尺上每小格为 1 mm，游标刻线总长为 49 mm，并等分为 50 格，因此，每格为 49/50 mm = 0.98 mm。主尺与游标相对一格之差为 0.02 mm，所以其测量精度为 0.02 mm。

当游标卡尺的活动量爪与固定量爪贴合时，游标上的“0”刻线（简称游标零线）对准尺身上的“0”刻线，此时量爪间的距离为“0”。当游标向右移动到某一位置时，固定量爪与活动量爪之间的距离就是零件的测量尺寸。此时，零件尺寸的整数部分，可在游标零线左边的主尺刻线上读出来，小数部分为游标零线右边与尺身上刻线重合的刻线数乘以游标的分度值所得的积。

2）游标卡尺的读数方法

游标卡尺的读数方法分为 3 个步骤：

（1）读整数，在尺身上读出位于游标零线左边最接近的整数值；

（2）读小数，游标零线以右与主尺刻线对准的刻线数乘以游标分度值，得出小数值；

（3）求和，将整数部分与小数部分相加，即为所测的读数。

例：如图 2-1-3 所示，游标卡尺读数步骤如下。

（1）游标零线左边最接近的整数部分读数值为 88 mm。

（2）游标第 19 格刻线与尺身上的一条刻线对齐，所以小数部分的读数为 0.02×19 mm = 0.38 mm。

图 2-1-3　游标卡尺读数

(3) 将整数部分与小数部分读数相加，即 (88+0.38) mm = 88.38 mm。被测尺寸为 88.38 mm。

二、游标卡尺的使用方法

(1) 根据被测工件的公称尺寸和公差大小选择与测量范围相当的游标卡尺。

(2) 测量前，应用软布将游标卡尺和被测表面擦干净。检查游标与尺身相对滑动是否灵活，紧固螺钉是否能够正常使用等。

(3) 合拢量爪，检查量爪间是否透光，同时查看游标和尺身的“0”刻线是否对齐。如果没有对齐，应记下零位示值误差，以便对测量结果进行修正。游标的“0”刻线在尺身“0”刻线右侧的叫正零误差，在尺身“0”刻线左侧的叫负零误差。

(4) 测量时，先将量爪张开到略大于被测尺寸，然后将固定量爪的测量面紧贴零件，轻轻推动活动量爪至被测表面为止，并进行读数。也可拧紧紧固螺钉后再读数。

(5) 测量时，游标卡尺的量爪位置应摆正，不能歪斜。

(6) 读数时，视线应与尺身表面垂直，避免产生视觉误差。

三、游标卡尺的维护与保养

(1) 游标卡尺使用完后，应将量爪合拢，避免深度尺外露而产生变形或折断。

(2) 测量结束后，注意将尺身平放，以免引起尺身弯曲变形。

(3) 游标卡尺在使用过程中，不要和工具、刀具（如榔头和锉刀、车刀、钻头等）堆放在一起，以免碰伤。

(4) 游标卡尺使用完毕后，应擦拭干净，放入盒内，避免碰撞。如果长时间不用，要涂防锈油保存，防止弄脏或生锈。

(5) 游标卡尺应定期保养。

四、数据处理

尺寸测量的目的是得到被测尺寸客观、真实的数据，但由于多种因素的限制，只能获得其近似值，即测量存在一定的误差。为了减少误差，一般要进行多次测量，然后计算出测量数据的算术平均值，即

$$\bar{l}=\frac{l_1+l_2+\cdots+l_n}{n}$$

式中：$l_1+l_2+\cdots+l_n$——测得尺寸之和（mm）；

n——测量次数；

$\bar{l}$——测量数据的算术平均值（mm）。

判断零件尺寸合格的条件是测量数据的算术平均值必须在上极限尺寸与下极限尺寸之间。测量过程中，测量工作人员应规范操作过程，及时记录测量数据；测量完成后，应及时整理测量器具，保持工作场所卫生整洁，并确保测量数据真实，测量结果实事求是。测量人员进行测量工作时应从细节出发，在点滴中养成良好的职业习惯。

任务练习

一、填空题

1. 游标卡尺是一种常用的量具，可直接用来测量零件的________、________、________以及________等尺寸。

2. 游标卡尺读数部分由________和________两部分组成。

3. 游标卡尺按其分度值不同，可以分为________、________、________这 3 种。

4. 游标卡尺主要由________、________、________、________、________组成。

二、判断题

1. 当轴的精度要求不高时常采用游标卡尺进行测量。（　　）

2. 游标的“0”刻线在尺身“0”刻线左侧的叫正零误差，在尺身“0”刻线右侧的叫负零误差。（　　）

3. 测量前，应用软布将游标卡尺和被测表面擦干净。（　　）

三、简答题

1. 简述游标卡尺刻度原理。

2. 游标卡尺如何读数？

3. 如何正确使用游标卡尺？

4. 在游标卡尺上作出下列尺寸：

10.88　　32.16　　55.02　　63.68　　89.74

5. 游标卡尺的维护与保养应注意哪些问题？

任务拓展

阅读材料——其他游标量具

利用游标和主尺相互配合进行测量、读数的量具，称为游标类量具。这类量具的结构简单，使用方便，测量范围大，维护保养容易等特点，在机械加工中应用广泛。游标类量具除游标卡尺外，还有深度游标卡尺、高度游标卡尺、齿厚游标卡尺等，其读数原理与游标卡尺读数原理基本相同。游标类量具可以用来测量零件的外径、内径、长度、宽度、厚度、高度、深度、角度以及齿轮的齿厚等。其他游标量具如表 2-1-1 所示。

表 2-1-1　其他游标量具

类型	结构	说明
深度游标卡尺		可以用于测量孔、槽的深度，台阶的高度等
高度游标卡尺		主要用于测量工件高度和进行划线，更换不同的卡脚可满足其不同使用需要
齿厚游标卡尺		它由两把互相垂直的游标卡尺组成，用于测量直齿、斜齿圆柱齿轮的固定弦齿厚
万能角度尺		可用于测量工件的角度、锥度等

任务二 测量轴类零件的外径

在机械零件几何尺寸测量中，轴类零件的测量方法和测量器具较多，应该根据生产批量多少、被测尺寸大小、精度高低等因素选择不同的测量方法和测量器具。

任务目标

(1) 理解外径千分尺的结构和刻线原理。

(2) 掌握外径千分尺的读数方法。

(3) 掌握外径千分尺的测量方法。

(4) 了解外径千分尺的维护与保养方法。

任务描述

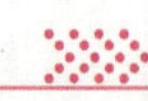

分析图 2-2-1 所示的轴类零件，根据零件尺寸选择合适的千分尺对该零件进行测量。通过对本任务的学习，学生应能够正确规范地使用外径千分尺，并对零件合格性与否作出正确的判定。

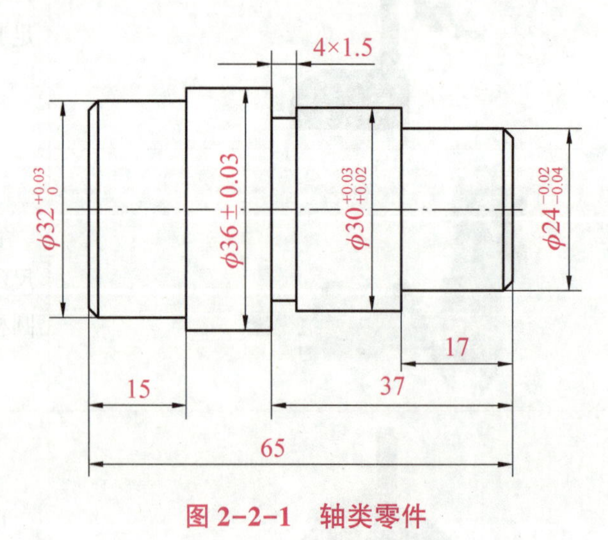

图 2-2-1 轴类零件

知识链接

轴加工过程中，应该根据轴上不同尺寸精度要求，选择合适的测量器具和测量方法以进

行准确的测量。与普通游标卡尺相比，千分尺的测量精度更高。

一、外径千分尺的结构与工作原理

1. 外径千分尺的结构

外径千分尺简称千分尺，它是利用螺旋副原理，对弧形尺架上两测量面间的距离进行读数的通用测量工具。外径千分尺的结构如图 2-2-2 所示，它具有测量精度较高，使用方便，调整容易，测力恒定等特点。

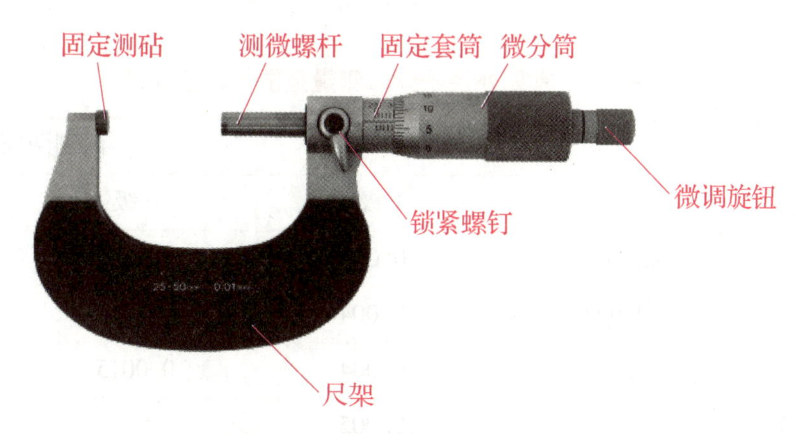

图 2-2-2 外径千分尺的结构

2. 外径千分尺的刻线原理与读数方法

1）外径千分尺的刻线原理

外径千分尺是应用螺旋读数机构，将微分筒的角位移转换为测微螺杆的直线位移。测微螺杆的螺距为 0.5 mm，当微分筒转 1 周时，测微螺杆就移动 1 个螺距。微分筒的圆锥面上共等分 50 格，微分筒每转 1 格，测微螺杆就移动 0.5÷50 mm=0.01 mm，所以外径千分尺的测量精度为 0.01mm。

2）外径千分尺的读数方法

外径千分尺的读数方法分为 3 个步骤：

（1）先读出微分筒边缘在固定套筒上露出刻线的整毫米及半毫米数；

（2）在微分筒上找到与固定套筒中线对齐的刻线，再乘以分度值，如果微分筒上没有任何一根刻线与固定套筒中线对齐时，应估读到小数点第三位数；

（3）最后将两次读数相加，即为工件的测量尺寸。

如图 2-2-3 所示，图（a）尺寸为（12+0.24）mm=12.24 mm，图（b）尺寸为（32.5+0.15）mm=32.65 mm。

3. 外径千分尺的测量范围和精度

按制造精度的不同，可将外径千分尺分为 0 级和 1 级两种。0 级较高，1 级次之。常见千分尺测量范围与示值误差如表 2-2-1 所示。

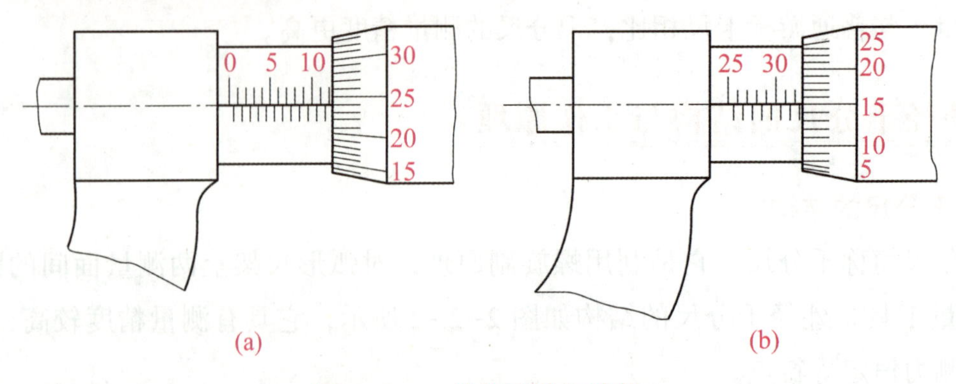

图 2-2-3　外径千分尺读数

表 2-2-1　常见外径千分尺测量范围与示值误差　　mm

测量范围	示值误差		两侧两面平行度	
	0 级	1 级	0 级	1 级
0~25	±0.002	±0.004	0.001	0.002
25~50	±0.002	±0.004	0.0012	0.0025
50~75、75~100	±0.002	±0.004	0.0015	0.003
100~125、125~150		±0.005		
150~175、175~200		±0.006		
200~225、225~250		±0.007		
250~275、275~300		±0.007		

测量不同公差等级的工件时，应首先检验标准规定，合理选用外径千分尺。不同精度外径千分尺的适用范围如表 2-2-2 所示。

表 2-2-2　不同精度外径千分尺的适用范围

外径千分尺的精度等级	被测件的公差等级	
	适用范围	合理适用范围
0 级	IT8~IT16	IT8~IT9
1 级	IT9~IT16	IT9~IT10

二、外径千分尺的测量方法

（1）按不同公称尺寸和精度等级选择合适的外径千分尺。

（2）测量前，将外径千分尺和被测表面擦拭干净，然后检查外径千分尺各活动部分是否灵活可靠。

（3）测量前应校对零位。

（4）测量时，将工件被测表面置于外径千分尺两测砧之间，使外径千分尺测微螺杆轴线与工件中心线垂直或平行，以保证测量的准确性。

（5）转动微分筒，当测砧将与被测量面接近时，改用测微旋钮，直到棘轮发出“咔咔”声响为止，此时的指示数值就是所测得的实际尺寸。

三、外径千分尺的维护与保养

（1）仔细检查类型、测量范围、精度和其他规格，选择合适的型号。

（2）测量前，外径千分尺和工件应放置在室温下足够长的时间，使其温度均衡。

（3）读取微分筒刻线时正视千分尺刻线，如图 2-2-4 所示。如果从某个角度看刻度线，由于视觉误差将不会读取线的正确位置。

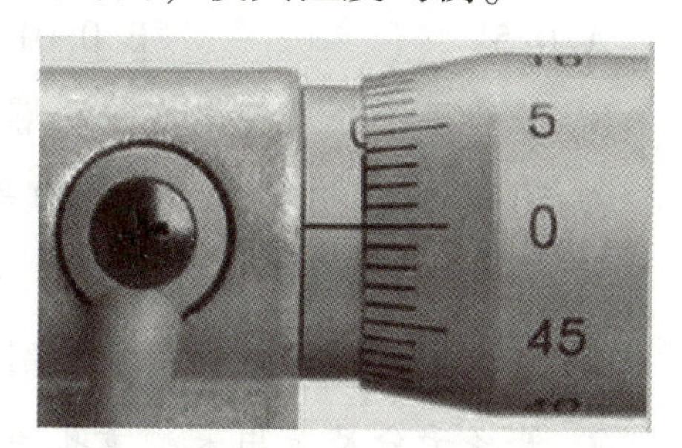

图 2-2-4　正视千分尺刻线

（4）测量前调整起（零）点，采用不起毛的纸去擦拭测砧和测微螺杆的测量面。

（5）作为日常保养的一部分，擦去环境周围和测量面上的任何灰尘、碎屑和其他碎片。此外，用干布仔细擦拭任何污渍和指纹。

（6）正确使用测力装置，以便在正确的测力下进行测量。

（7）当将外径千分尺安装到台架上时，台架应该固定夹紧在外径千分尺边框的中心，但不要夹得太紧。

（8）注意外径千分尺不要摔落或碰撞任何物体，不要过度用力旋转外径千分尺的测微螺杆。

（9）外径千分尺经过长时间存放后或有保护性油膜，使用前应用在抗腐蚀的油中浸泡过的布轻轻拭擦千分尺。

（10）外径千分尺应存储在通风性良好、低湿度、没有灰尘、避免阳光直射的场所。如果存放在箱子或其他容器中，箱子或容器不能放在地上。存放期间，测量面之间应该留有 0.1～1 mm 的空隙。不要将外径千分尺在夹紧的状态下存放。

与游标卡尺相比，外径千分尺的测量精度更高。所谓“失之毫厘，谬以千里”，只有坚持高标准、严要求，不断精益求精，我们才可能成就一番事业，才可能拓展人生价值。

任务练习

一、填空题

1. 外径千分尺是利用________原理，对弧形尺架上________进行读数的________测量工具。

2. 外径千分尺测微螺杆的螺距为________mm，当微分筒转 1 周时，测微螺杆轴向移动________mm。微分筒的圆锥面上共等分________格，此外径千分尺的分度值为________mm。

3. 按制造精度分，外径千分尺可分为________和________两种。________较高，________次之。

二、选择题

1. 外径千分尺上棘轮的作用是(　　)。

A. 校正千分尺　　B. 便于旋转微分筒

C. 限制测量力　　D. 补偿温度变化的影响

2. 外径千分尺的分度值是(　　)mm。

A. 0.5　　B. 0.01　　C. 0.05　　D. 0.001

3. 若外径千分尺测微螺杆的螺距为0.5 mm，则微分筒圆周上的标尺为(　　)。

A. 50 等分　　B. 100 等分　　C. 10 等分　　D. 20 等分

三、判断题

1. 螺旋测微量具是利用螺旋副原理制成的一种较精密的量具。(　　)

2. 外径千分尺是用来测量孔径、槽的深度的量具。(　　)

3. 转动微分筒，当测砧将与被测量面接近时，改用测微旋钮，直到棘轮发出“咔咔”声响为止，此时的指示数值就是所测得的实际尺寸。(　　)

四、简答题

1. 简述外径千分尺的结构。
2. 简述外径千分尺的刻线原理。
3. 简述外径千分尺读数步骤。
4. 如何使用外径千分尺进行测量?
5. 外径千分尺在使用时应注意哪些问题?

任务拓展

阅读材料——量块

量块是由两个相互平行的测量面之间的距离来确定其工作长度的高精度量具，其长度为计量器具的长度标准。量块具有形状简单，量值稳定，耐磨性好，使用方便等特点。量块每块可单独作为特定的量具使用，也可以组合成所需的各种不同尺寸使用。量块如图 2-2-5 所示。

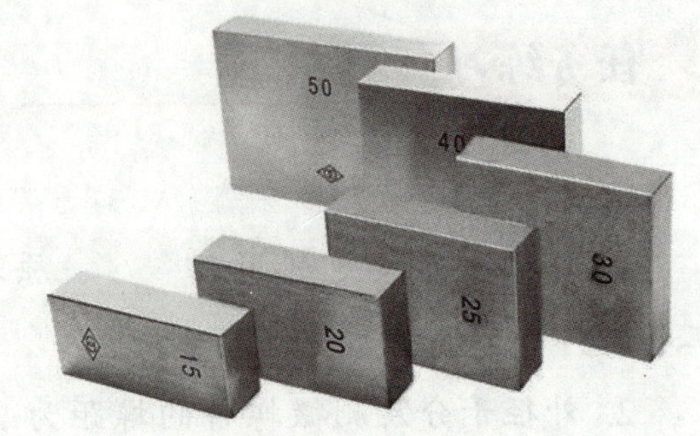

图 2-2-5　量块

1. 量块的用途

(1) 作为长度标准，传递尺寸量值。

(2) 用于检定测量器具的示值误差。

(3) 作为标准件，用比较法测量工件尺寸，或用来校准、调整测量器具的零位。

(4) 用于直接测量零件尺寸。

(5) 用于精密机床的调整和机械加工中精密划线。

2. 量块的使用方法

量块是成套供应的，并每套装成一盒。每盒中有各种不同尺寸的量块，其尺寸编组有一定的规定。常用成套量块的编组如表 2-2-3 所示。

表 2-2-3　常用成套量块的编组

套别	总块数	精度级别	尺寸系列/mm	间隔/mm	块数
1	91	0，1，2	0.5，1	—	2
			1.001，1.002，…，1.009	0.001	9
			1.01，1.02，…，1.49	0.01	49
			1.5，1.6，…，1.9	0.1	5
			2.0，2.5，…，9.5	0.5	16
			10，20，…，100	10	10
2	83	0，1，2	0.5，1，1.005	—	3
			1.01，1.02，…，1.49	0.01	49
			1.5，1.6，…，1.9	0.1	5
			2.0，2.5，…，9.5	0.5	16
			10，20，…，100	10	10
3	46	0，1，2	1	—	1
			1.001，1.002，…，1.009	0.001	9
			1.01，1.02，…，1.09	0.01	9
			1.1，1.2，…，1.9	0.1	9
			2，3，…，9	1	8
			10，20，…，100	10	10
4	38	0，1，2，	1，1.005	—	2
			1.01，1.02，…，1.09	0.01	9
			1.1，1.2，…，1.9	0.1	9
			2，3，…，9	1	8
			10，20，…，100	10	10

使用量块时，应合理选择若干量块组成所需的尺寸。为减少量块的累积误差，应尽量减少量块的使用块数，通常不超过 5 块。选取量块时，应从所需组合尺寸的最后位数字开始，每选一块至少应减去所需尺寸的一位尾数。例如，若要组成 87.545 mm 的量块组，其量块尺寸

的选择方法如下：

量块组的尺寸	87. 545 mm
选用的第一块量块尺寸	1. 005 mm
剩下的尺寸	86. 54 mm
选用的第二块量块尺寸	1. 04 mm
剩下的尺寸	85. 5 mm
选用的第三块量块尺寸	5. 5 mm
剩下的即为第四块尺寸	80 mm

3. 量块使用注意事项

量块是很精密的量具，使用时必须注意以下几点。

(1) 使用前，先在汽油中洗去防锈油，再用清洁的软绸擦拭干净。不要用棉纱头去擦拭量块的工作面，以免损伤量块的测量面。

(2) 清洗后的量块，不要直接用手去拿，应当先用软绸衬起来。若必须用手拿量块时，应当把手洗干净，并且要拿在量块的非工作面上。

(3) 把量块放在工作台上时，应使量块的非工作面与台面接触。不要把量块放在蓝图上，因为蓝图表面有残留化学物质，会使量块生锈。

(4) 不要使量块的工作面与非工作面进行推合，以免擦伤测量面。

(5) 量块使用后，应及时在汽油中清洗干净，用软绸擦干后，涂上防锈油，放在专用的盒子里。若需要经常使用，可在洗净后不涂防锈油，放在干燥缸内保存。绝对不允许将量块长时间贴合在一起，以免由于金属黏结而引起不必要的损伤。

任务三 测量偏心轴的偏心距

在机械传动中，回转运动变为往复直线运动或往复直线运动变为回转运动，一般都是利用偏心零件来完成的。例如，车床床头箱用偏心工件带动的润滑泵，汽车发动机中的曲轴等。偏心轴是典型的偏心零件之一，它们在机器中同样用来支承齿轮、带轮等传动零件，以传递转矩或运动。

任务目标

(1) 了解百分表的结构与工作原理。

(2) 了解偏摆仪的结构与使用方法。

(3) 掌握百分表的读数与正确使用方法。

任务描述

图 2-3-1 为偏心轴，图中尺寸 4±0.15 为偏心轴两轴径段的偏心距尺寸。通过对本任务的学习，学生应学会利用百分表测量偏心轴的偏心距尺寸，并能够根据测得数据判定零件是否合格。

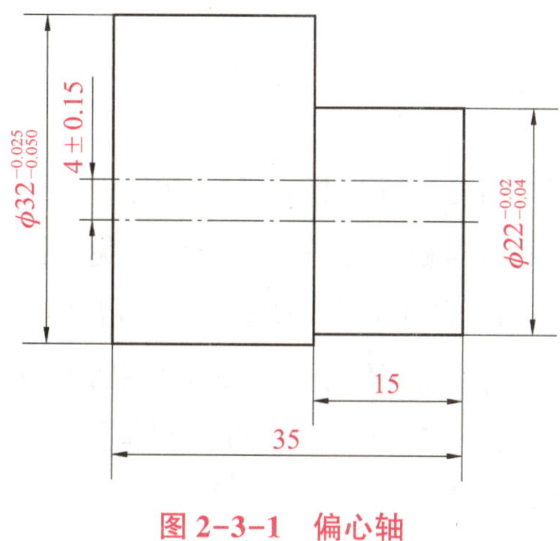

图 2-3-1　偏心轴

知识链接

指示式量具是以指针指示出测量结果的量具，主要用于校正零件的安装位置，检验零件的形状精度和相互位置精度，以及测量零件的内径等。常用的指示式量具有百分表、千分表、杠杆百分表和内径百分表等。

一、百分表的结构刻线原理和读数方法

1. 百分表的结构

百分表是利用精密齿轮齿条机构制成的表式通用长度测量工具。它具有使用简单，维修方便，测量范围大等特点。百分表通常由测头、测杆、表盘、指针、提杆、固定杆等组成，其结构如图 2-3-2 所示。

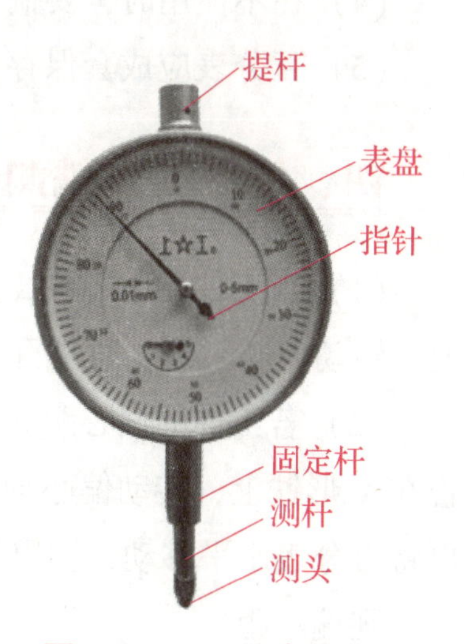

图 2-3-2　百分表的结构

2. 百分表的刻线原理

百分表是利用齿轮齿条或杠杆齿轮传动，将测杆的直线位移变为指针的角位移的计量器具。当测杆向上或向下移动 1 mm 时，通过齿轮传动系统带动大指针回转一圈，此时小指针转一格。刻度盘圆周上均匀分布着 100 个刻线，大指针转过一格，表示所测量的尺寸为 1÷100 mm＝0.01 mm，即百分表的分度值为 0.01 mm。小指针每格读数为 1 mm。

3. 百分表的读数方法

百分表的读数步骤为：

（1）读整数部分，即小指针转过的刻线；

（2）读小数部分，即大指针转过的刻线并估读一位，并乘以 0.01；

（3）将整数部分与小数部分相加，即得到所测量的数值。

二、百分表的使用方法

（1）根据被测零件的尺寸与精度要求选择合适的百分表。

（2）测量前需对百分表的外观与稳定性进行检查，以免在测量中出现不应有的误差。

（3）使用时，必须把百分表固定在可靠的夹持架上。固定百分表时，夹紧力不要过大，以免因套筒变形而使测杆活动不灵活。夹持架要安放平稳，以免使测量结果不准确或摔坏百分表。

（4）测量平面时，百分表的测杆要与平面垂直；测量圆柱形工件时，测杆要与工件的中心线垂直。否则，将使测杆活动不灵或测量结果不准确。

（5）测量时，应轻轻提起测杆，将工件移至测头下面，缓慢下降测头，使之与工件接触；不要把工件强推至测头下，不要使表头突然撞到工件上，也不要用百分表测量表面粗糙或有显著凹凸不平的工件，防止百分表出现误差。测头与工件表面接触时，测杆应有 0.3~1mm 的压缩量，以保持一定的起始测量力。

三、百分表的维护与保养

（1）百分表应实行周期检定制度，检定周期的长短根据百分表使用频率而定。

（2）防止碰撞百分表，使用时要轻拿轻放。

（3）百分表在使用过程中要远离液体，不要让冷却液、切削液、水或油与其接触。

（4）在不使用时，要摘下百分表，使其解除所有负荷，让测杆处于自由状态。

（5）百分表应成套保存于盒内，避免丢失与混用。

四、使用 V 形铁测量偏心距

（1）当工件无中心孔，或工件较短，偏心距小于 5 mm 时，可将工件外圆放置在 V 形铁上，转动偏心工件，通过百分表读数最大值与最小值差值的一半确定偏心距。

（2）若工件的偏心距大于 5 mm 时，受百分表测量范围的限制，在测量时可把工件外圆放置在 V 形铁上，转动偏心轴，用百分表测量出偏心轴的最高点；找出最高点后，把工件固定，再将百分表水平移动，测出偏心轴外圆到基准轴外圆之间的距离 a，如图 2-3-3 所示。

则偏心距

$$e=\frac{D}{2}-\frac{d}{2}-a$$

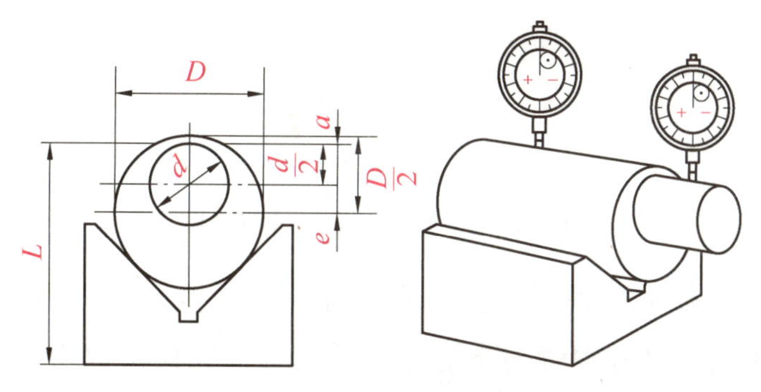

图 2-3-3　使用 V 形铁测量偏心距

任务练习

一、填空题

1. 百分表是利用________制成的表式通用________测量工具。

2. 百分表是利用________或________传动，将________变为________的计量器具。

3. 测量平面时，百分表的测杆要与平面________，测量圆柱形工件时，测杆要与工件的中心线________。

二、选择题

1. 利用百分表测量工件的长度尺寸，所采用的方法是(　　)。

A. 绝对测量　　B. 相对测量　　C. 间接测量　　D. 动态测量

2. 百分表的测杆移动了 1 mm，则其(　　)。

A. 大指针转了 10 格，小指针转了 1 格　　B. 大指针转了 100 格，小指针转了 1 格

C. 大指针转了 1 格，小指针转了 100 格　　D. 大指针转了 1 格，小指针转了 1 格

3. 百分表的作用是(　　)。

A. 进行比较测量　　B. 调整测量时间　　C. 测量转速　　D. 测量温度

三、判断题

1. 百分表测量长度尺寸时，采用的是相对测量法。(　　)

2. 百分表的测头开始与被测表面接触时，只能轻微接触其表面，以避免产生过大的接触力，并保持足够的示值范围。(　　)

3. 百分表在使用过程中要远离液体，不要让冷却液、切削液、水或油与其接触。(　　)

四、简答题

1. 百分表的结构与刻线原理是什么？

2. 百分表在使用过程中应该注意哪些问题？

3. 如何做好百分表的维护与保养？

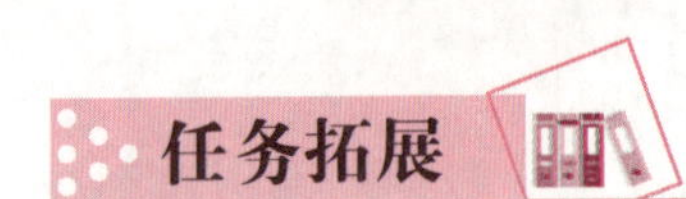

任务拓展

阅读材料——偏摆仪

偏摆仪主要用于测量轴类零件径向圆跳动误差，其原理是利用两顶尖定位轴类零件，转动被测零件，测头在被测零件径向方向上直接测量零件的径向圆跳动误差。偏摆仪如图2-3-4所示，它具有结构简单，操作方便，顶尖座手压柄可快速装卸被测零件，测量效率高等特点。

图2-3-4　偏摆仪

偏摆仪使用操作规程如下。

(1) 偏摆仪是精密的检测仪器，操作者必须熟练掌握其操作技能，精心地维护保养，并指定专人使用。

(2) 偏摆仪必须始终保持完好，安装应平衡可靠，导轨面要光滑，无磕碰伤痕，两顶尖的同轴度允差应在 L=400 mm 范围内 A 向及 B 向均小于 0.02 mm。

(3) 工件检测前应先用 L=400 mm 的检验棒和百分表对偏摆仪进行精度校验，在确保合格后方可使用。

(4) 工件检测时，应小心轻放，导轨面上不允许放置任何工具或工件。

(5) 工件检测完工后，应立即对仪器进行维护保养，导轨及顶尖套应涂上防锈油，并保持周围环境整洁。

(6) 应指定专人于每月底对偏摆仪进行精度实测检查，确保设备完好，并做好实测记录。

任务四　测量套类零件的孔径

套类零件与轴类零件一样，在机械中较为常见。它通常起支撑、导向、连接及轴向定位等作用。套类零件的精度高低将直接影响其在机器中的功能。就如同团队中的每一位成员，如果群策群力，每个人都发挥自身优势，协调合作，必将产生“1+1>2”的效益。

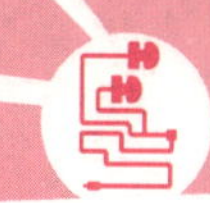

任务目标

(1) 了解内径百分表的结构。

(2) 了解内径百分表的工作原理和作用。

(3) 掌握内径百分表的读数方法。

(4) 掌握内径百分表的正确使用方法。

任务描述

图 2-4-1 为套类零件，学习零件上内孔直径 $\phi 52_{-0.03}^{0}$、$\phi 80_{0}^{+0.02}$ 的正确测量方法。通过对本任务的学习，学生应掌握内径百分表的正确使用方法，并能够根据测得数据判定零件是否合格。

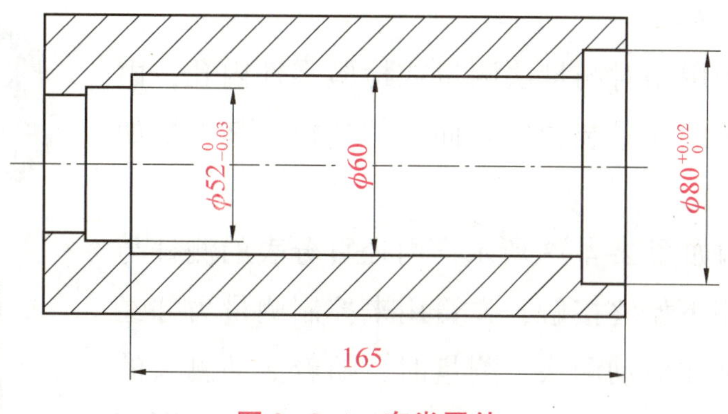

图 2-4-1　套类零件

知识链接

内孔是套类零件起支撑或导向作用的最主要表面，通常与运动的轴、刀具或活塞相配合。因此，在测量时应该根据精度要求，选择合适的测量器具以确保孔径尺寸达到精度要求。

一、孔径的测量方法

根据生产批量大小、精度要求高低、直径尺寸大小等多种因素，孔径的测量可以采用不同的方法，如表 2-4-1 所示。

表 2-4-1　测量孔径的方法

方法	测量器具	说明
通用量具法	游标卡尺、深度游标卡尺、内径千分尺	准确度中等，操作简便
机械式微测法	内径百分表、内径千分表、扭簧比较仪、量块组	其中扭簧比较仪较准确
量块比较光波干涉测微	孔径测量仪	准确度较高

续表

方法	测量器具	说明
用量块比较 1	各种电感或电容测微仪、内孔比长仪、量块组	准确度较高，易于与计算机连接
用量块比较 2	气动量仪	准确度较高，效率高
用电眼或内测钩	各种立式测长仪、万能测长仪、量块组	准确度较高
影像法、用光学测孔器	大型和万能工具显微镜	准确度一般
量块比较准直法测微	自准式测孔仪	准确度较高

二、内径百分表的结构、测量范围和刻线原理

1. 内径百分表的结构

内径百分表是一种用相对测量法测量或检验零件内孔，由百分表和装有杠杆系统的测量装置组合而成的量仪，其外观如图 2-4-2 所示。

内径百分表的结构如图 2-4-3 所示。内径百分表的测杆与传动杆在弹簧力的作用下始终接触，弹簧用来控制测量力并经过传动杆和杠杆向外顶住活动测头。测量时，随着活动测头的移动，杠杆回转，通过传动杆推动内径百分表的测杆，从而使内径百分表的指针也产生回转。由于杠杆是等臂杠杆，因此当活动测头移动 1 mm 时，传动杆也移动 1 mm，推动内径百分表指针回转一圈。所以，活动测头的移动量，可以在内径百分表上直接读出来。

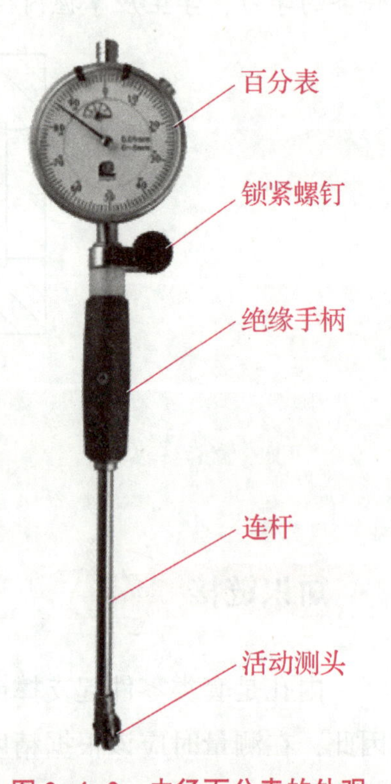

图 2-4-2 内径百分表的外观

2. 内径百分表的测量范围

内径百分表常用规格有：6~10 mm，10~18 mm，18~35 mm，35~50 mm，50~100 mm，100~160 mm，160~250 mm，250~450 mm。各种规格的内径百分表均附有成套的可换测头，可根据测量尺寸自行选择。

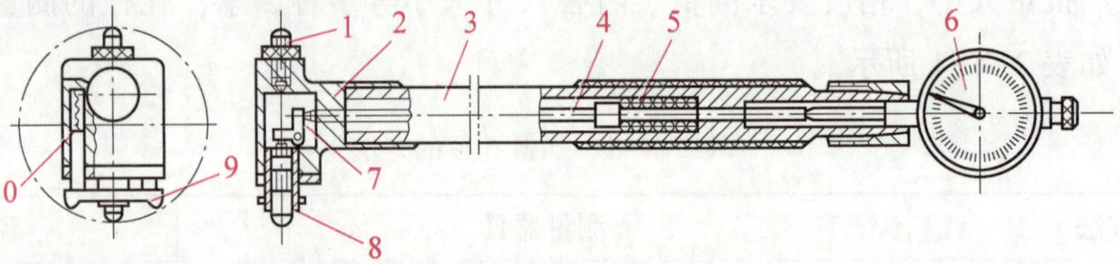

图 2-4-3 内径百分表的结构

1—可换测头；2—表架头；3—表架套杆；4—传动杆；5—测力弹簧；6—百分表；7—杠杆；8—活动测头；9—定位装置；10—定位弹簧

3. 内径百分表的刻线原理

内径百分表是利用活动测头移动的距离与内径百分表的示值相等的原理来读数的。活动测头的移动量通过内径百分表内部的齿轮传动机构转变为指针的偏转量显示在表盘上。当活动测头移动 1 mm 时，内径百分表指针旋转 1 周。由于内径百分表表盘上共有 100 格，每格对应移动量为 0.01 mm，因此内径百分表的分度值为 0.01 mm。

内径百分表的读数方法与百分表读数方法相同。

三、内径百分表的使用方法

1. 安装内径百分表

根据被测工件公称尺寸，选择合适的内径百分表和可换测头。组合时，将内径百分表装入连杆内，要有一定的预压缩量（一般为 1 mm 左右），使小指针指在 0~1 mm 的位置上，旋紧锁紧螺钉，如图 2-4-4 所示。

图 2-4-4　安装内径百分表

2. 校对零位

内径百分表常采用专用环规或千分尺校对零位，必要时可在块规附件装夹好的块规组上校对零位，并增加测量次数，以提高测量精度。校对零位时，根据被测尺寸，选取一个相应尺寸的可换测头，并尽量使活动测头在活动范围的中间位置使用（此时杠杆误差最小），校对好零位后，要检查零位是否稳定。

校对零位的常用方法有以下 3 种。

（1）用量块和附件校对零位。按被测零件的公称尺寸组合量块，并装夹在量块的附件中，将内径百分表的两测头放在量块附件的两量脚之间，摆动量杆使百分表读数最小，然后转动百分表的滚花环，将刻度盘的零刻线转到与百分表的长指针对齐。用量块校零的方法能保证校零的准确度及内径百分表的测量精度，但操作比较麻烦，对量块的使用环境要求比较高。

（2）用标准环规校对零位。按被测件的公称尺寸选择名义尺寸相同的标准环规，按标准环规的实际尺寸校对内径百分表的零位，如图 2-4-5 所示。此方法操作简便，能保证校对零位的准确度，因校对零位需制造专用的标准环规，故此方法只适合检测生产批量较大的零件。

(3) 用外径千分尺校对零位。按被测零件的公称尺寸，选择适当测量范围的外径千分尺，将外径千分尺对在被测公称尺寸外，然后将内径百分表的两侧投放在外径千分尺两测量面之间校对零位，如图 2-4-6 所示。此方法受外径千分尺精度影响，其校对零位的准确度和稳定性不高，从而降低了内径百分表的测量精确度；但操作简单且易于实现，所以得到了较为广泛的应用，常用在生产现场对精度要求不高的单件或小批量零件的检测中。

图 2-4-5　用标准环规校对零位

3. 测量

手握内径百分表的绝缘手柄，先将内径百分表的活动测头和定位护桥轻轻压入被测孔径中，然后再将可换测头放入。当测头达到指定的测量部位时，将内径百分表微微在轴向截面内摆动，如图 2-4-7 所示，同时读出指针指示的最小数值，即为该测量点孔径的实际偏差。注意：读数时要正确判断实际偏差的正负值，表按顺时针方向偏转未达到零点的读数为正值，超过零点的读数为负值。

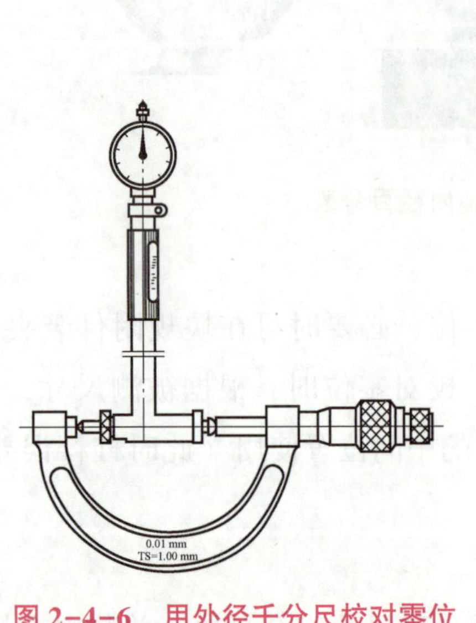

图 2-4-6　用外径千分尺校对零位

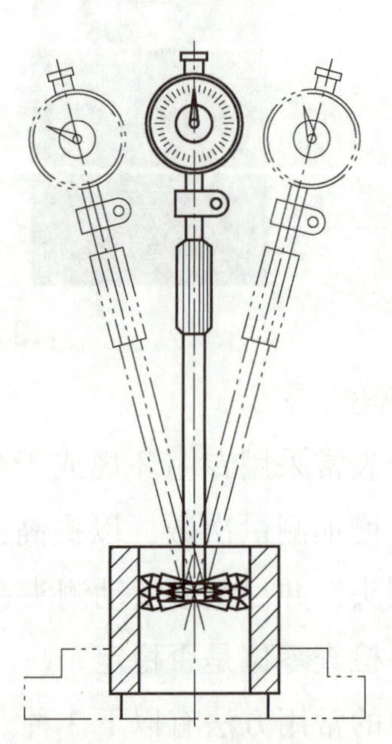
图 2-4-7　测量示意图

任务练习

一、填空题

1. 内径百分表是一种用________测量或检验零件________，由________和装有________的测量装置组合而成的量仪。

2. 内径百分表是利用活动测头________与百分表的________的原理来读数的。当活动测头移动 1 mm 时，百分表指针旋转________。由于百分表表盘上共有________格，每格对应的移动量为________mm，因此内径百分表的分度值为________mm。

3. 内径百分表常采用________或________进行校对零位。

二、简答题

1. 简述内径百分表的结构。
2. 简述内径百分表的刻线原理。
3. 内径百分表校对零位的方法有哪些？

任务拓展

阅读材料——内径千分尺测量内孔孔径

一、结构及原理

内径千分尺是根据螺旋副传动原理进行读数的通用内尺寸测量工具，其主要由测头、锁紧螺钉、固定套筒、微分筒、测力装置等组成，如图 2-4-8 所示。内径千分尺主要适用于机械加工中测量 IT10 级或低于 IT10 级工件的孔径、槽宽及两端面距离等内尺寸。

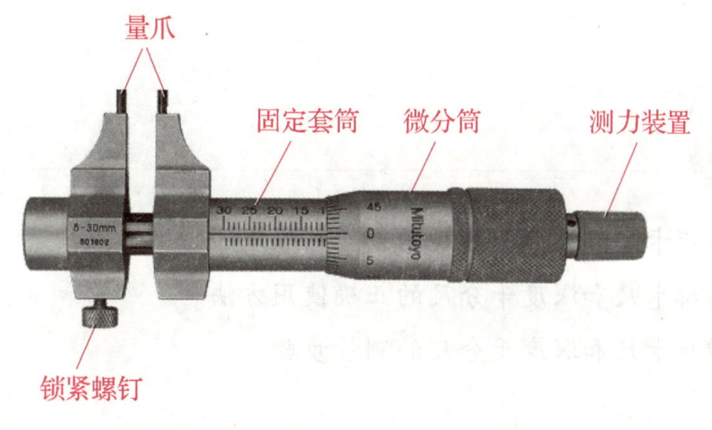

图 2-4-8　内径千分尺的结构

二、使用方法

1. 测量方法

将内径千分尺的测量触头测量面支承在被测表面上，调整微分筒，使微分筒一侧的测量面在孔的径向截面摆动，找出最大尺寸。然后，在孔的轴向截面内摆动，找出最小尺寸。此调整需反复几次进行，最后旋紧锁紧螺钉，取出内径千分尺并读数。测量两平行平面之间的距离时，应沿多方向摆动千分尺，取其最小尺寸为测量结果。

2. 测量时注意事项

（1）测量时必须注意温度的影响，在测量过程中避免测量过程时间过长和用手大面积接触内径千分尺。尤其是大尺寸测量时要特别注意。

（2）使用内径千分尺时，要掌握好测力的大小。当量爪接触到被测表面，应避免旋转力过大损坏千分尺或造成很大误差。

（3）用内径千分尺测量孔径时，被测表面必须擦拭干净，同时每一截面至少要在相互垂直的两个方向上进行测量，深孔要适当增加截面数量。

（4）为了提高测量精度，应考虑内径千分尺修正量的使用。

（5）正确读数，要正视内径千分尺读数装置，不能斜视。

（6）避免高温和阳光直射，经常维护，应防磁、防锈，非计量人员严禁拆卸或调整量具。

（7）对于较大尺寸的测量，测量时应在全长尺寸两端的 $2/9L$ 处安装支承，这样可以使千分尺的变形量最小，以减小测量误差。

（8）测量完成后，内径千分尺应用汽油擦拭干净垫平放置或垂直吊挂，以免尺体变形，不可斜靠或两端搁置中间悬空。

任务五 测量套类零件的深度

套类零件的内孔通常与轴相配合，其轴向配合尺寸精度主要受到轴套类零件阶梯和内孔深度精度控制。

任务目标

（1）了解深度游标卡尺和深度千分尺的结构与原理。

（2）掌握深度游标卡尺和深度千分尺的正确使用方法。

（3）学会深度游标卡尺和深度千分尺的测量步骤。

任务描述

图 2-5-1 为套类零件，学习零件上内孔深度尺寸 $10_{-0.02}^{0}$、$25_{-0.025}^{0}$ 的正确测量方法。通过对本任务的学习，学生应掌握深度游标卡尺和深度千分尺的正确使用方法，并能够根据测得数据判定零件是否合格。

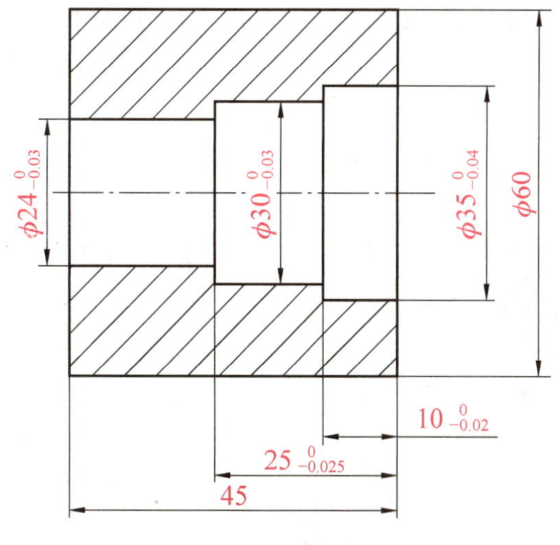

图 2-5-1　套类零件

知识链接

内孔深度、槽深、台阶高度测量通常采用深度游标卡尺和深度千分尺等量具。

一、深度游标卡尺的结构、测量方法和使用注意事项

1. 深度游标卡尺的结构

深度游标卡尺主要用于测量凹槽或孔的深度、梯形工件的梯层高度、长度等尺寸，简称深度尺，其结构如图 2-5-2 所示。

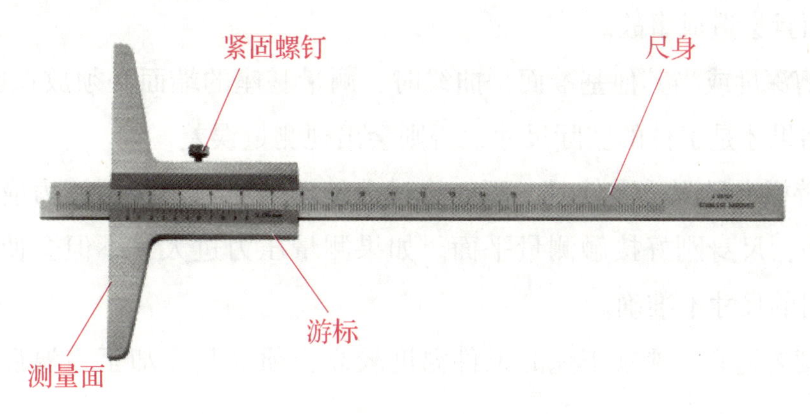

图 2-5-2　深度游标卡尺的结构

2. 深度游标卡尺的测量方法

测量时，先把测量基座轻轻压在工件的基准面上，测量面必须接触工件的基准面，如图 2-5-3（a）所示。测量轴类等台阶时，测量基座的测量面一定要压紧在基准面，如图 2-5-3（b）、（c）所示，再移动尺身，直到尺身的端面接触到工件的测量面（台阶面）上，然后用紧固螺钉固定游标，提起卡尺，读出深度尺寸。多台阶小直径的内孔深度测量，要注意尺身的端面是否在要测量的台阶上，如图 2-5-3（d）所示。当基准面是曲线时，如图 2-5-3（e）

所示，测量基座的测量面必须放在曲线的最高点上。深度游标卡尺的读数方法与游标卡尺读数方法相同。

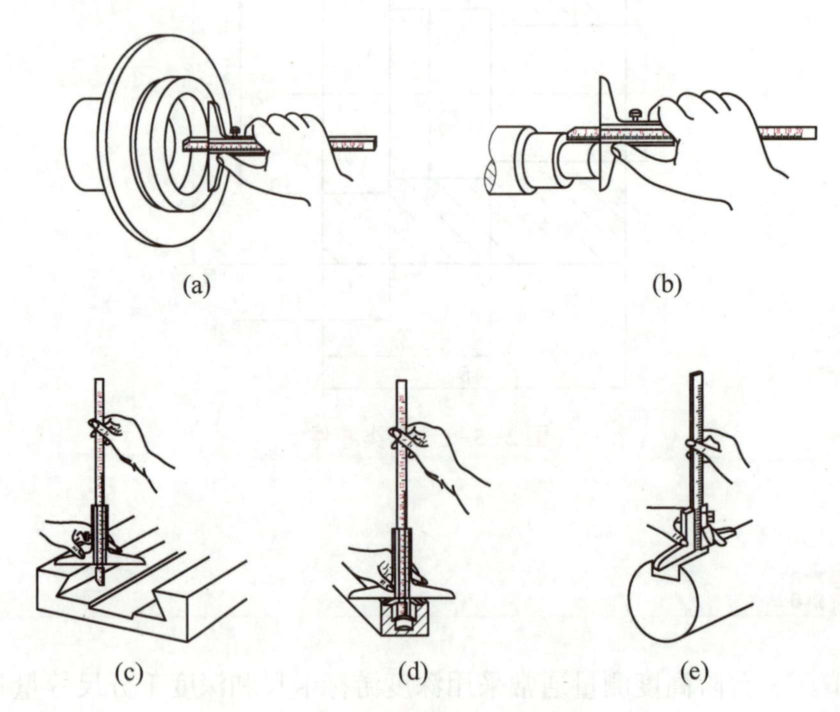

图 2-5-3　深度游标卡尺的测量方法

3. 深度游标卡尺使用注意事项

（1）卡尺的测量基座和尺身端面应垂直于被测表面并贴合紧密，不得歪斜，否则会造成测量结果不准。

（2）在机床上测量零件时，要等零件完全停稳后进行，否则不但使量具的测量面过早磨损而失去精度，而且会造成事故。

（3）测量沟槽深度或当其他基准面是曲线时，测量基座的端面必须放在曲线的最高点上，这样得到的测量结果才是工件的实际尺寸，否则会出现测量误差。

（4）用深度游标卡尺测量零件时，不允许过分地施加压力，所用压力应使测量基座刚好接触零件基准表面，尺身刚好接触测量平面。如果测量压力过大，不但会使尺身弯曲、基座磨损，还会使测出的尺寸不准确。

（5）测量温度要适宜，刚加工完的工件温度较高，须等其冷却至室温后再进行测量，否则测量误差太大。

二、深度千分尺的结构与测量方法

1. 深度千分尺的结构

深度千分尺主要用于测量孔深、槽深和台阶高度等，其结构如图 2-5-4 所示。

2. 深度千分尺的测量方法

（1）使用前先将深度千分尺擦拭干净，然后检查其各活动部分是否灵活可靠。

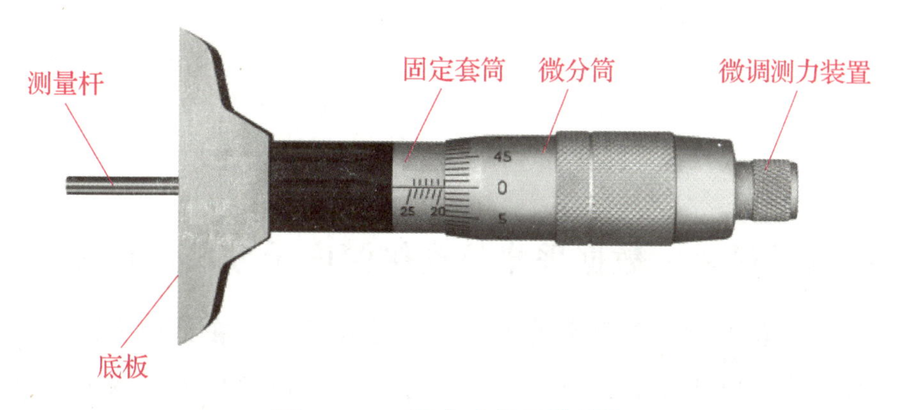

图 2-5-4　深度千分尺的结构

（2）根据被测的深度或高度选择合适的量程并换上测杆。

（3）测量前要先校零。测量范围为 0～25 mm 的深度千分尺可以采用 00 级平台直接校对零位。测量范围大于 25 mm 的深度千分尺，要用校对量具（可以用量块代替）校对零位。把校对量具和平台的工作面擦拭干净，将校对量具放在平台上，再把深度千分尺的基准面贴在校对量具上校对零位。

（4）深度千分尺测量孔深时，应把基座的测量面紧贴在被测孔的端面上，零件的这一端面应与孔的中心线垂直，且应当光洁平整，使深度千分尺的测杆与被测孔的中心线平行，保证测量精度。此时，测杆端面到基座端面的距离就是孔的深度。

（5）当被测孔的孔径大于深度千分尺的底座时，可以用一辅助定位基准板进行测量。

任务练习

一、填空题

1. 深度游标卡尺主要用于测量________或________、梯形工件的梯层________、________等尺寸，简称深度尺。

2. 深度千分尺主要用于测量________、________和________等。

二、选择题

1. 深度游标卡尺不但能测量孔的深度，还可以直接测量孔径的大小。（　　）

2. 用深度游标卡尺测量零件时，不允许过分地施加压力。（　　）

3. 测量前需要先对深度千分尺校零。（　　）

三、简答题

1. 简述深度游标卡尺的使用注意事项。

2. 简述深度千分尺的测量方法。

任务拓展

阅读材料——数据采集仪连接深度千分尺进行测量

传统的测量方法是当获得一个测量数据后，通过人工记录在纸张中，或者采用一个人测量，另一个人进行记录的操作方式，当需要进行分析时，由操作人员录入到计算机中。这种方法效率低，数据容易记错，同时由于有些操作人员不清楚产品的规格，不能及时发现不合格的产品，而且当需要进行数据分析时，还需要重复录入。

随着科学技术不断发展，新的测量方法应运而生。直接用数据采集仪连接深度千分尺来进行测量，如图 2-5-5 所示。数据采集仪会自动采集测量数据并计算分析、自动判断结果，这种测量方法可以提高测量效率，减少由于人工测量所造成的误差。

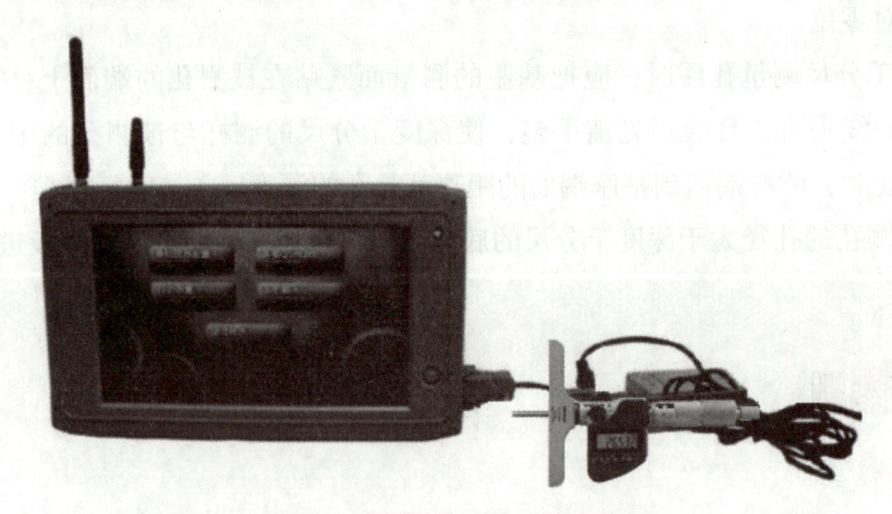

图 2-5-5 数据采集仪连接深度千分尺

数据采集仪连接深度千分尺进行测量的优点如下：

(1) 能够实现机械加工的现场检测；

(2) 能够提高跳动测试的准确度；

(3) 能够提高跳动检测效率；

(4) 能够对加工设备状态进行预警；

(5) 能够自动采集数据，实现无纸化；

(6) 能够提高数据的准确性，测量更加实时；

(7) 能够实现品质数据的实时、远程监控；

(8) 不占用生产现场空间；

(9) 易于维护；

(10) 方便实现移动；

(11) 能够解决现场数据记录的问题。

项目三

零件几何误差的测量

知识树

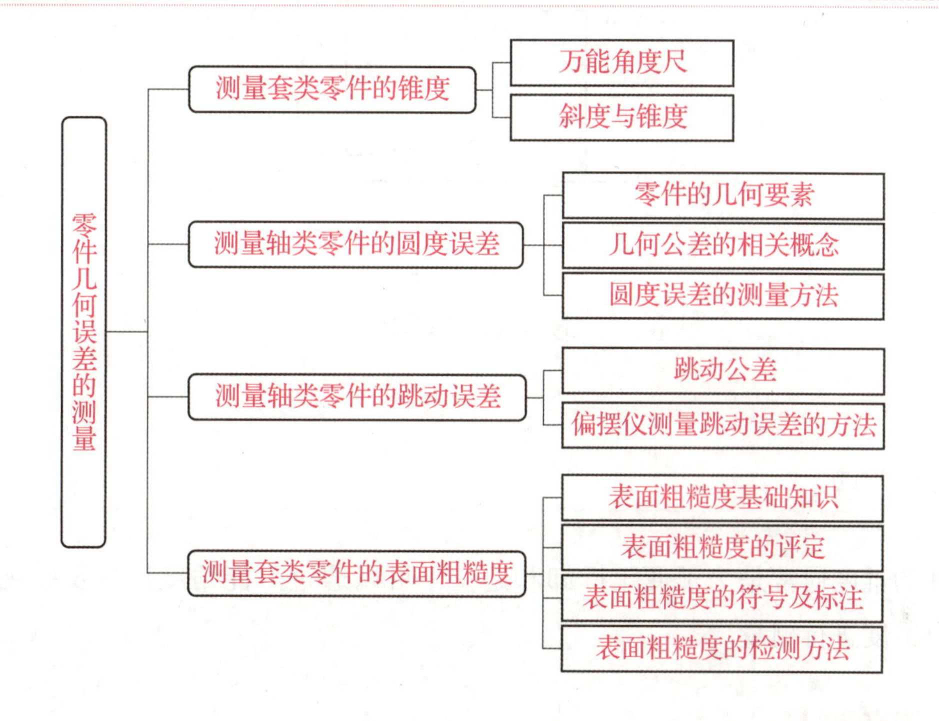

任务一 测量套类零件的锥度

设计轴类或套类零件时，出于定位或拆卸等方面的要求，会在零件上设计出锥度，如圆锥销的锥度为 1 : 50。轴类零件的锥度一般很小，利用摩擦力可以传递一定的扭矩，且因为是锥度配合，所以可以方便地实现安装与拆卸。

任务目标

(1) 理解万能角度尺的结构和刻线原理。

(2) 掌握万能角度尺的读数方法。

(3) 掌握万能角度尺的测量组合方法。

(4) 理解锥度与斜度的概念。

任务描述

图 3-1-1 为锥套，根据图纸中锥度比例完成角度计算并进行锥度的测量。通过对本任务的学习，学生应学会万能角度尺的正确使用方法。

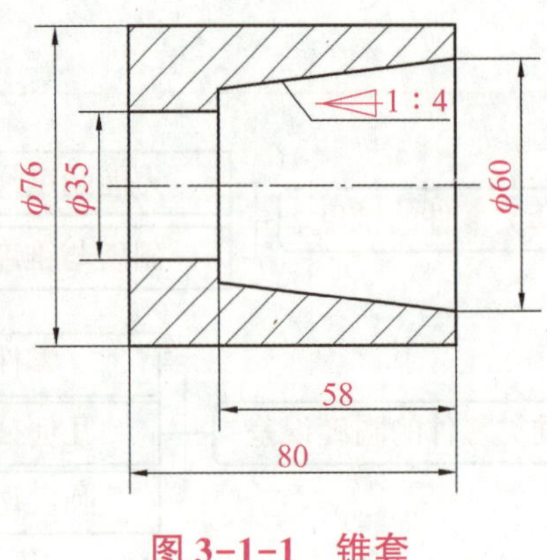

图 3-1-1 锥套

知识链接

轴类零件的锥度通常是为了便于拆卸和定位，可以通过万能角度尺、正弦规、锥度量规等测量器具对锥度进行测量。

一、万能角度尺

1. 万能角度尺的结构和读数方法

1）万能角度尺的结构

万能角度尺又称角度规、游标角度尺和万能量角器，是利用游标读数原理来直接测量工件角度或进行划线的一种角度量具。万能角度尺适用于机械加工中的内、外角度测量，可测 0°~320° 外角及 40°~130° 内角。万能角度尺的结构如图 3-1-2 所示。万能角度尺的读数机构由刻有基本角度刻线的主尺和游标组成。万能角度尺主尺刻线每格为 1°。游标上刻有 30 格，所占角度为 29°。因此，游标每格的

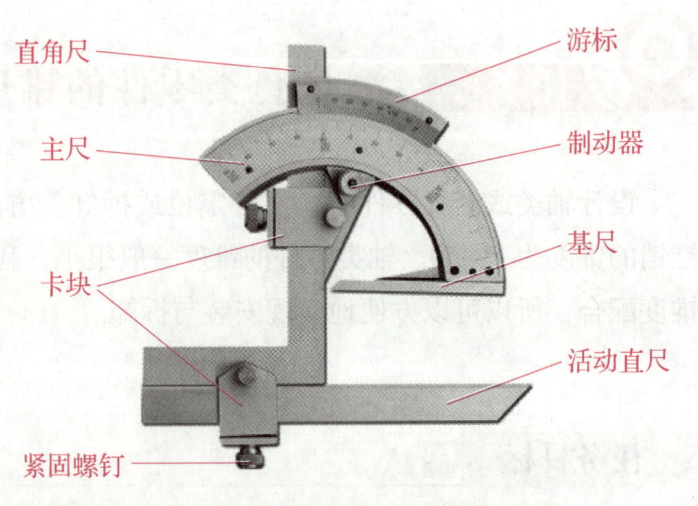

图 3-1-2 万能游标卡尺的结构

刻线角度为 1°-29°/30=2′，即万能角度尺的精度为 2′。

2）万能角度尺的读数方法

万能角度尺的读数方法与游标卡尺完全相同。先读出游标零线前主尺上的整数角度数，再从游标上读出角度“分”的数值，两者相加即为被测零件的角度数值。

2. 万能角度尺的测量范围

测量时，根据产品被测部位的情况，先调整好角尺或直尺的位置，用卡块上的紧固螺钉把它们紧固住，再来调整基尺测量面与其他有关测量面之间的夹角。这时，要先松开制动器上的螺母，移动主尺作粗调整，然后再转动扇形板背面的微动装置作细调整，直到两个测量面与被测表面密切贴合为止。接着拧紧制动器上的螺母，把角度尺取下来进行读数。如图 3-1-3 所示，当直角尺和直尺全装上时，万能角度尺可测角度范围为 0°~50°；仅装上直尺时，可测角度范围为 50°~140°；仅装上直角尺时，可测角度范围为 140°~230°；把直角尺和直尺全拆下时，可测角度范围为 230°~320°（即可测 40°~130°的内角）。

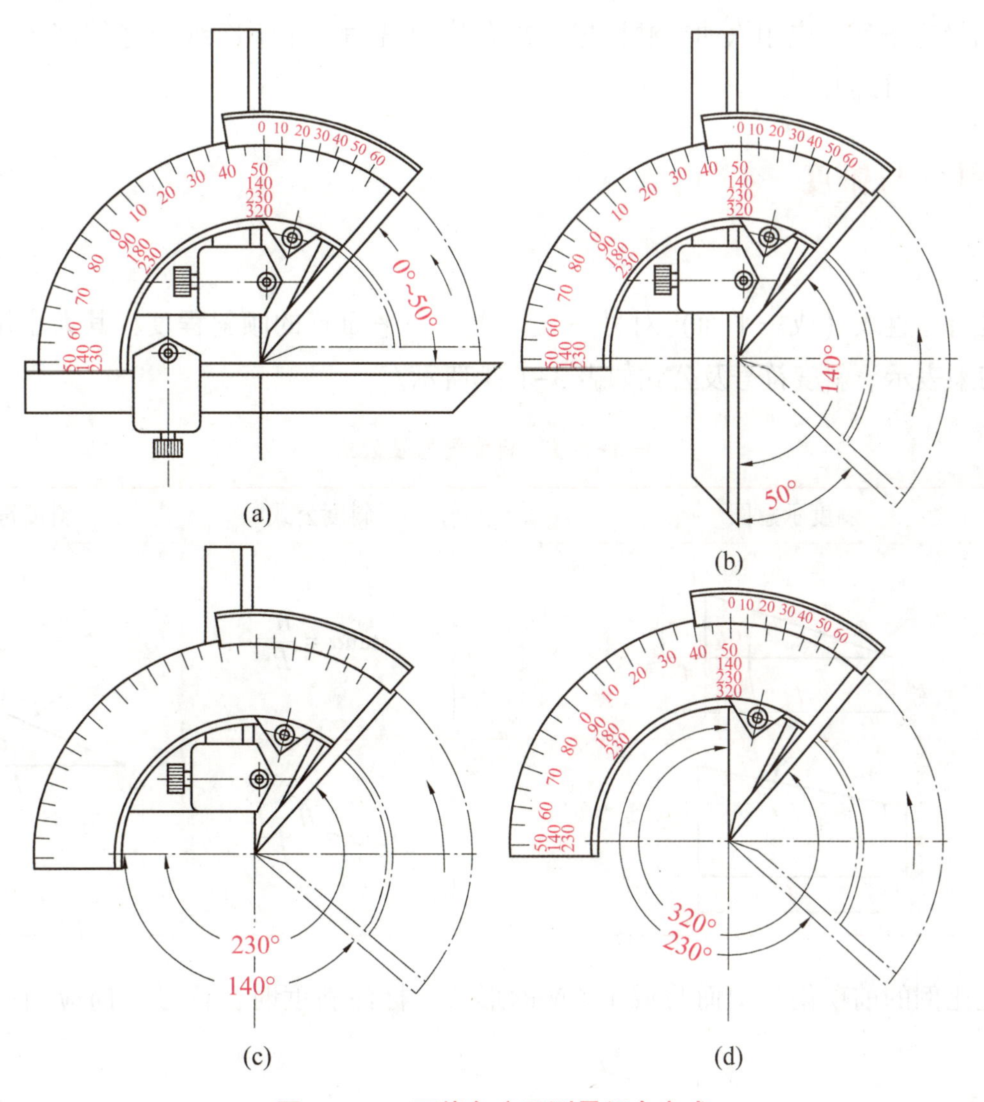

图 3-1-3　万能角度尺测量组合方式

（a）装上直角尺和直尺；（b）仅装上直尺；（c）仅装上直角尺；（d）拆下直角尺和直尺

万能角度尺的尺座上，基本角度的刻线只有0°~90°，如果测量的零件角度大于90°，则在读数时，应加上一个基数（90°、180°、270°）。若零件角度为90°~180°，则被测角度=90°+角度尺读数；若零件角度为180°~270°，则被测角度=180°+角度尺读数；若零件角度为270°~320°，则被测角度=270°+角度尺读数。

用万能角度尺测量零件角度时，应使基尺与零件角度的母线方向一致，且零件应与角度尺两个测量面的全长接触良好，以免产生测量误差。

3. 万能角度尺的维护和保养

（1）使用前，先将万能角度尺擦拭干净，再检查各部件移动是否平稳可靠、止动后的读数是否不动，然后对零位。

（2）测量时，放松制动器上的螺母，移动主尺座作粗调整，再转动游标背面的手把作精细调整，直到使角度尺的两测量面与被测工件的工作面密切接触为止；拧紧制动器上的螺母加以固定，即可进行读数。

（3）测量完毕后，应用汽油或酒精把万能角度尺洗净，用干净纱布仔细擦干，涂抹防锈油，然后装入专用盒内。

二、斜度与锥度

1. 斜度

斜度是指一直线（或一平面）对另一直线或（一平面）的倾斜程度，其大小用它们之间的夹角正切来表示。斜度符号及公式如表3-1-1所示。

表3-1-1 斜度符号及公式

斜度示意图	斜度公式	斜度符号
C, H, α, B, A, L	$\tan\alpha = \dfrac{H}{L}$	α, h
α, h, H, L	$\tan\alpha = \dfrac{H-h}{L}$	

通常把比例的前项化为1而写成1∶N的形式。标注斜度时，符号方向应与斜度的方向一致。

2. 锥度

锥度是指圆锥的底面直径与锥体高度之比，如果是圆台，则为上、下两底圆的直径差与锥台高度之比值。锥度符号及公式如表3-1-2所示。

表 3-1-2　锥度符号及公式

锥度示意图	锥度公式	锥度符号
D　$D-d$　d　l　L	锥度 $=\frac{D}{L}=\frac{D-d}{l}$	α　h

锥度在图样上也以 1 : N 的简化形式表示。

任务练习

一、填空题

1. 轴类零件的锥度通常是为了便于________和________。

2. 万能角度尺的读数机构由刻有基本角度刻线的________和________组成。

3. 万能角度尺主尺刻线每格为________。游标上刻有________格，所占角度为________。因此，游标每格的刻线角度为________，即万能角度尺的精度为________。

4. ________是指一直线（或一平面）对另一直线或（一平面）的倾斜程度，其大小用它们之间的________来表示。

5. 锥度是指圆锥的________与________之比，如果是圆台，则为________与________之比值。

二、选择题

1. 由于游标万能角度尺是万能的，因此能测量出 0°~360°之间任何角度数值。　(　　)

2. 游标万能角度尺测量角度在 50°~140°之间，应装上直尺。　(　　)

三、简答题

1. 简述万能角度尺的结构与刻线原理。

2. 万能角度尺有几种测量范围？请使用万能角度尺进行演示。

3. 请在万能角度尺上作出下列角度。

45°18′　　125°　　238°24′　　331°54′

任务拓展

阅读材料——使用正弦规测量锥度

一、正弦规的结构

正弦规是利用三角法测量角度的一种精密量具，一般用来测量带有锥度或角度的零件。因其测量结果是通过直角三角形的正弦关系来计算的，所以被称为正弦规。它主要由一准确钢制长方体和固定在其两端的两个相同直径的钢圆柱体组成，如图 3-1-4 所示。

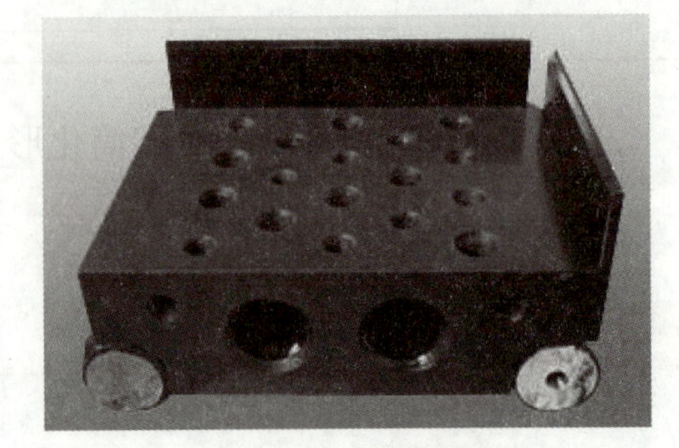

图 3-1-4　正弦规

二、正弦规的测量原理

正弦规是根据正弦函数原理，利用量块来组合尺寸，以间接测量方法测量内、外锥体角度的量具。在测量零件角度或锥度时，只要用量块垫起其中一个圆柱，就组成一个直角三角形，锥角 α 等于正弦规工作平面与平板之间的夹角。正弦规测量原理如图 3-1-5 所示。

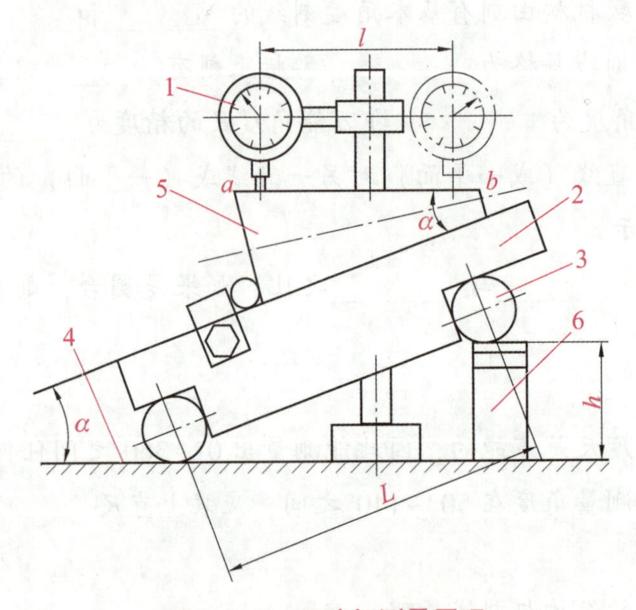

图 3-1-5　正弦规测量原理

1—百分表；2—正弦规；3—圆柱；4—平板；5—工件；6—量块

1. 正弦规使用方法

(1) 测量前，首先将正弦规擦拭干净，然后将其轻轻安放在精密平板上，再将被测零件轻轻放置在正弦规上。

(2) 将其中一个精密圆柱与平板接触，另一个精密圆柱用量块组（根据被测角度选择量块高度 h）垫高至零件表面的上母线与平板平行为止。

（3）用百分表或杠杆式千分表等量仪沿锥体上母线移动，先检验零件外圆锥体的大端 a 点高度，再检验零件外圆锥体的小端 b 点高度。若 a、b 两处读数不同，则说明锥体的锥度有误差；若相同则表示锥体的锥角 α 正好等于正弦规与平板之间的夹角。

2. 相关计算公式

（1）被测零件圆锥角 α 正弦的计算。

$$\sin\alpha = \frac{h}{L}$$

式中：α——被测零件的圆锥角（°）；

L——正弦规的中心距（mm）；

h——所垫量块组的高度（mm）。

（2）锥度误差 ΔC 的计算。

$$\Delta C = \frac{\Delta h}{l}$$

式中：Δh——a、b 两端读数之差；

l——a、b 两端的距离；

ΔC——锥度误差（rad，$1\ \text{rad}=57.3°\times60\times60=2\times10^5''$）。

（3）圆锥角误差 $\Delta\alpha$ 的计算。

$$\Delta\alpha = \Delta C \times 2 \times 10^5('')$$

任务二　测量轴类零件的几何误差

为保证机械产品的质量和零件的互换性，在零件设计中需要根据零件的功能要求，结合制造经济性对零件的形位误差加以限制，即对零件的几何要素规定合理的几何公差。零件的几何公差对产品的工作精度、运动件的平稳性、耐磨性、润滑性以及连接件的强度和密封都会造成很大的影响。

任务目标

（1）掌握几何公差的相关概念。

（2）熟悉几何公差项目符号及标注方法。

（3）理解圆度、同轴度公差的含义。

任务描述

图 3-2-1 为阶梯轴零件图，根据图纸中相关几何公差要求完成同轴度、圆度的测量工作。通过对本任务的学习，学生应学会利用百分表和偏摆仪正确测量同轴度、圆度等相关几何误差。

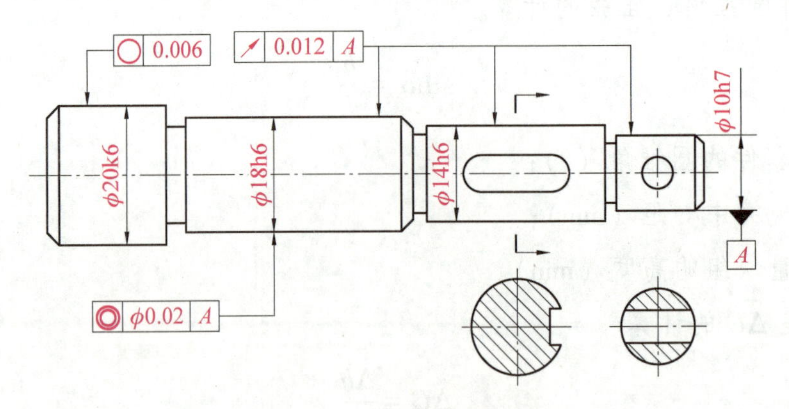

图 3-2-1 阶梯轴零件图

知识链接

零件在加工过程中会受到机床精度、加工方法、操作者技术水平等多种因素的影响，这使得零件的表面、轴线、中心对称平面等的实际形状和位置相对于所要求的理想形状和位置存在着误差，此误差称为几何误差，也称为形位误差。

一、零件的几何要素

构成零件形体的点、线、面称为零件的几何要素。如图所示 3-2-2 的顶尖就是由点、平面、圆柱面、圆锥面、球面、轴线等几何要素组成。

对几何误差的检测实际上就是对零件几何要素本身的形状精度和相关要素之间的位置精度进行检测和评定。零件几何要素的分类如表 3-2-1 所示。

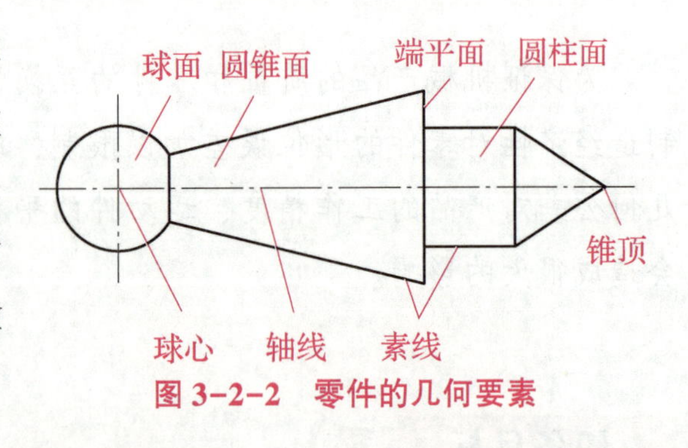

图 3-2-2 零件的几何要素

表 3-2-1 零件几何要素的分类

分类方法	要素名称	含义及特征
按几何特征	组成要素（轮廓要素）	构成零件外形的点、线、面各要素，能直接为人所感觉到
	导出要素（中心要素）	是零件上的对称中心的点、线、面等要素，不可见，不能直接感觉到，但可以通过相应的轮廓要素模拟，如轴线、中心平面等

续表

分类方法	要素名称	含义及特征
按存在状态	公称要素（理想要素）	具有几何意义的要素，是理想状态下的点、线、面，不存在任何误差，在图样上组成零件的各要素都是公称要素
	实际要素	零件上由加工形成而实际存在的要素，通常都以提取要素（测得要素）来代替。由于测量存在误差，因此实际要素并不是该要素的真实情况
按在几何公差中所处的地位	被测要素	图样上给出了形状和位置公差要求的要素
	基准要素	图样上规定用来确定被测要素的方向或位置的要素。理想的基准要素简称为基准，它在图样上用基准代号标注
按被测要素相互关系	单一要素	仅对其本身给出形状公差要求的被测要素，如直线度、平面度、圆度等
	关联要素	对基准要素有方向或位置功能要求，而给出位置公差要求的被测要素。功能要求是指要素间具有某种确定的方向或位置关系，如平行度、垂直度、对称度等

二、几何公差的相关概念

1. 几何公差的项目和符号

零件的公差分为尺寸公差和几何公差。几何公差包括形状公差、方向公差、位置公差和跳动公差 4 种类型。几何公差特征项目和符号如表 3-2-2 所示。

表 3-2-2　几何公差特征项目和符号

公差类型	特征项目	符号	有无基准
形状公差	直线度	⏤	无
	平面度	⏥	无
	圆度	○	无
	圆柱度	⌭	无
	线轮廓度	⌒	无
	面轮廓度	⌓	无
方向公差	平行度	//	有
	垂直度	⊥	有
	倾斜度	∠	有
	线轮廓度	⌒	有
	面轮廓度	⌓	有

续表

公差类型	特征项目	符号	有无基准
位置公差	位置度	⌖	有或无
	同轴度（轴线）	◎	有
	同心度（中心点）	◎	有
	对称度	⌯	有
	线轮廓度	⌒	有
	面轮廓度	⌓	有
跳动公差	圆跳动	↗	有
	全跳动	⌰	有

2. 几何公差的定义

几何公差是一个以公称要素（理想要素）为边界的平面或空间的区域，即实际被测要素对图样上给定的理想形状、理想位置的允许变动量。

形状公差是指单一实际要素的形状所允许的变动全量，它是为了限制形状误差而设置的，是形状误差的最大值，一般用于单一要素。形状误差是指单一被测实际形状相对于其理想形状的变动量。

位置公差是指关联实际要素的位置对基准所允许的变动量，它是用来限制位置误差的。位置误差是关联实际位置对理想位置的变动量。

3. 几何公差带

用于限制被测实际要素形状和位置变动的区域，称为几何公差带，它是由形状公差值和位置公差值确定的。因此，若被测实际要素在几何公差带范围内，则表示其形状和位置符合设计要求，零件是合格的；反之则不合格。

几何公差带的形状由被测要素的特征及对几何公差的要求确定，其形状如表 3-2-3 所示。

表 3-2-3　几何公差带的形状

公差带形状		形状公差带	位置公差带
两平行直线之间的区域		给定平面内的直线度	平行度、垂直度、倾斜度、对称度和位置度
两等距曲线之间的区域		无基准要求的线轮廓度	有基准要求的线轮廓度
两同心圆之间的区域		圆度	径向圆跳动
两平行平面之间的区域		直线度、平面度	平行度、垂直度、倾斜度、对称度、位置度和全跳动

续表

公差带形状		形状公差带	位置公差带
两等距曲面之间的区域		无基准要求的面轮廓度	有基准要求的面轮廓度
一个圆柱内的区域		轴线的直线度	平行度、垂直度、倾斜度、同轴度、位置度等
两同轴线圆柱面之间的区域		圆柱度	径向全跳动
一个圆内的区域			平面内点的位置度、同轴（心）度
一个圆球面内的区域			空间点的位置度

4. 圆度公差

圆度是限制实际圆对理想圆变动量的一项指标。圆度公差是限制实际圆对理想圆的变动全量，用于控制回转面在任一正截面上的圆轮廓的形状误差。圆度公差带的含义及标注示例如表 3-2-4 所示。

表 3-2-4　圆度公差带的含义及标注示例

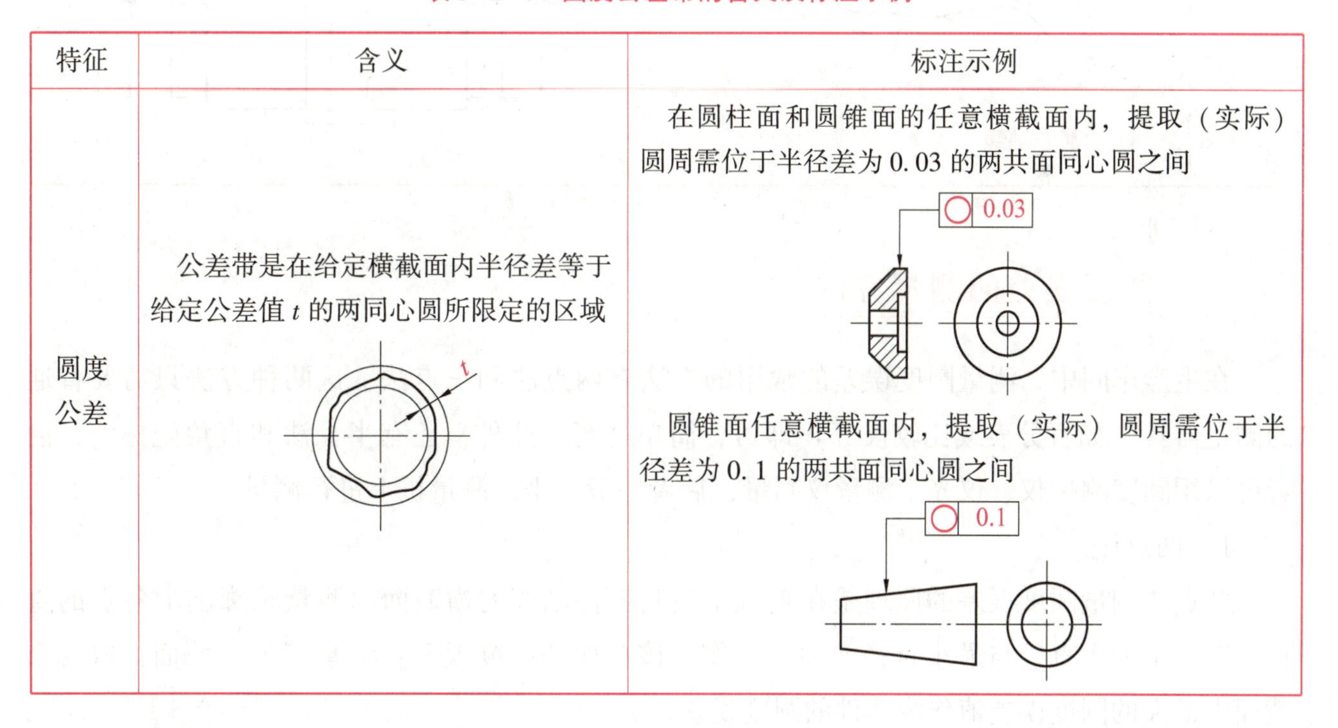

特征	含义	标注示例
圆度公差	公差带是在给定横截面内半径差等于给定公差值 t 的两同心圆所限定的区域	在圆柱面和圆锥面的任意横截面内，提取（实际）圆周需位于半径差为 0.03 的两共面同心圆之间 圆锥面任意横截面内，提取（实际）圆周需位于半径差为 0.1 的两共面同心圆之间

5. 同轴度公差

同轴度是限制被测轴线（或圆心）与基准轴线（或圆心）重合度的一项指标。同轴度公差是被测轴线（或圆心）对基准轴线（或圆心）允许的变动量。当被测要素与基准要素为轴线时，称为同轴度；当被测要素为点时，称为同心度。同轴度公差带的含义及标注示例如表 3-2-5 所示。

表 3-2-5 同轴度公差带的含义及标注示例

特征	含义	标注示例
点的同心度	公差值前加注 ϕ，则公差带是直径为公差值 t 的圆周所限定的区域，该圆周的圆心与基准点重合。用于控制被测圆心对基准点同心的误差 ϕt 基准点	在任意横截面内，内圆的提取（实际）中心应限定在直径为 0.01，以基准点 A 为圆心的圆周内 A ◎ ϕ0.1 A
轴线的同轴度	公差值前加注 ϕ，则公差带是直径为公差值 t 的圆柱面所限定的区域，该圆柱面的轴线与基准轴线重合。用于控制被测轴线对基准轴线同轴的误差 ϕt 基准轴线	大圆柱面的提取（实际）中心线应限定在直径为 0.08，以公共基准轴线 A—B 为轴线的圆柱面内 ◎ ϕ0.08 A—B A B ϕ ϕ ϕ

三、圆度误差的测量方法

在生产车间中，测量圆度误差的常用的方法有两点法和三点法，这两种方法只需要普通的测量器具（如百分表或比较仪等）即可，简单易行。此外，还有半径法和直角坐标法，前者可以用圆度测量仪、仪光学测量仪测量，后者一般在坐标测量机上进行测量。

1）两点法

两点法测量圆度误差的原理是在垂直于被测零件轴线的横截面内测量轮廓圆上各点的直径，取其中最大直径与最小直径差的一半作为该截面的圆度误差；测量若干个截面，取几个截面中最大的圆度误差值作为零件的圆度误差。

2）三点法

三点法是测量实际圆上各点（一点）对固定点（两点）的变化量，测量原理如图 3-2-3 所示。测量时，将工件或专用表架相对转动一周，获得百分表最大与最小读数之差（Δh），按下式确定被测横截面轮廓的圆度误差值：

$$\Delta=\Delta h/K$$

式中：K——换算系数，与工件棱边数 n 和 V 形块夹角 2α 有关。通常用 $2\alpha=90°$的 V 形块测量，取 K 值为 2。

除了以上两种方法，圆度误差还可以采用在投影仪上进行的三坐标仪测量法：将被测圆的轮廓影像与绘制在投影屏上的两极限同心圆比较，按预先选择的直角坐标系测量出被测圆上若干点的坐标值 x、y，通过计算机所选择的圆度误差评定方法计算出被测圆的圆度误差。

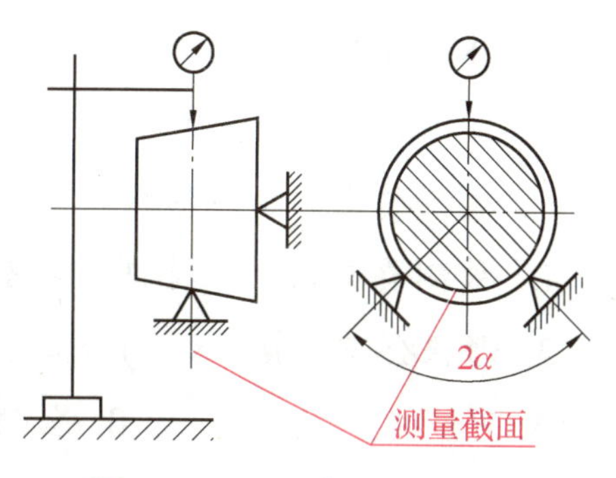

图 3-2-3　三点法测量原理

任务练习

一、填空题

1. 构成零件形体的______、______、______称为零件的几何要素。

2. 几何误差的检测实际上就是对零件几何要素本身的______和相关要素之间的______进行检测和评定。

3. 零件的公差分为______和______。

4. 几何公差包括______、______、______和______4 种类型。

5. 几何公差是一个以______为边界的平面或空间的区域，即实际被测要素对图样上给定的______、______的______。

6. 形状误差是指______相对于其______的______。

7. 位置误差是______对______的______。

8. 用于限制被测实际要素______和______变动的区域，称为几何公差带，它是由______和______确定的。

9. 圆度公差是限制______对______的______，用于控制回转面在______的圆轮廓的______。

10. 同轴度公差是______对______允许的______。当被测要素与基准要素为轴线时，称为______；当被测要素为点时，称为______。

11. 跳动公差分______与______两种。

二、选择题

1. (　　)为基准要素。

A. 图样上规定用于确定被测要素的方向或（和）位置的要素

B. 具有几何学意义的要素

C. 指中心点、线、面或回转表面的轴线

D. 图样上给出位置公差的要求

2. 几何公差带的形状取决于(　　)。

A. 公差项目

B. 该项目在图样上的标注

C. 被测要素的理想形状

D. 被测要素的形状特征、公差项目及设计要求

3. 形状公差包括(　　)公差。

A. 平面度　　B. 全跳动　　C. 垂直度　　D. 对称度

4. (　　)为形状公差。

A. 被测提取要素对其拟合要素的变动量

B. 被测提取要素的位置对一具有确定位置的拟合要素的变动量

C. 被测提取要素的形状所允许的最大变动量

D. 关联被测提取要素对基准在位置上允许的变动量

5. 位置公差包括(　　)公差。

A. 同轴度　　B. 圆柱度　　C. 圆跳动　　D. 倾斜度

三、判断题

1. 公差带的形状由被测要素的特征及对几何公差的要求确定。(　　)

2. 由加工形成的在零件上实际存在的要素即为被测要素。(　　)

3. 在被测要素中，给出形状公差要求的要素都为单一要素。(　　)

4. 同轴度不适用于被测要素是平面的要素。(　　)

四、简答题

1. 零件几何要素按存在的状态可以分为哪几类？

2. 几何公差有哪些项目？请分别写出几何公差项目对应的特征符号。

3. 几何公差带的形状有哪些？请分别写出几何公差带的形状符号。

4. 简述两点法测量圆度误差的原理与步骤。

5. 简述三点法测量圆度误差的原理与步骤。

任务拓展

阅读材料——杠杆百分表

一、杠杆百分表的结构

杠杆百分表是利用杠杆-齿轮传动机构或者杠杆-螺旋传动机构，将尺寸变化转换为指针角位移，并指示出长度尺寸数值的测量器具。它主要用于测量工件形状误差和相互位置正确性，并可用比较法测量长度，其结构如图3-2-4所示。

二、杠杆百分表的使用方法

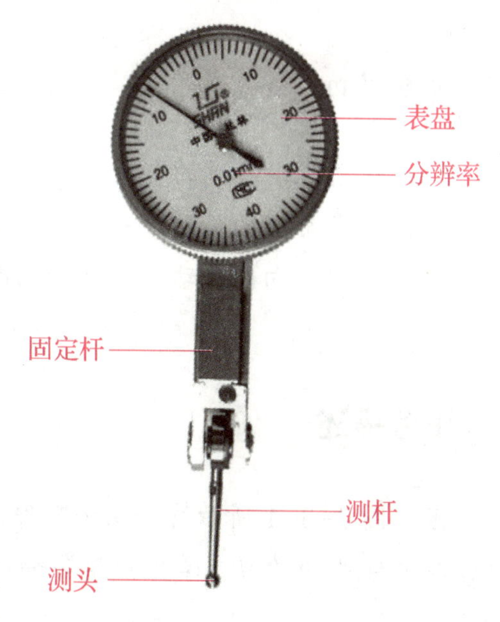

图 3-2-4　杠杆百分表的结构

（1）测量前注意检查各活动部分是否灵活。轻轻移动测杆，表针应有较大位移，指针与表盘应无摩擦，测杆、指针无卡阻或跳动。测头应为光洁圆弧面。轻轻拨动几次测头，松开后指针均应回到原位。沿测杆安装轴的轴线方向拨动测杆，测杆无明显晃动，指针位移应不大于0.5个分度。

（2）将表稳定可靠地固定在表座或表架上。

（3）调整表的测杆轴线垂直于被测尺寸线。对于平面工件，测杆轴线应平行于被测平面；对圆柱形工件，测杆的轴线要与过被测母线的相切面平行，否则会产生很大的误差。

（4）测量前调零位。比较测量用对比物（量块）做零位基准。形位误差测量用工件做零位基准。调零位时，先使测头与基准面接触，压测头到量程的中间位置，转动刻度盘使“0”刻线与指针对齐，然后反复测量同一位置2~3次后检查指针是否仍与“0”刻线对齐，如不齐则重调。

（5）测量时，用手轻轻抬起测杆，将工件放入测头下测量，不可把工件强行推入测头下。显著凹凸的工件不用杠杆百分表测量。

（6）不要使杠杆百分表突然撞击到工件上，也不可强烈晃动、敲打杠杆百分表。

（7）测量时注意杠杆百分表的测量范围，不要使测头位移超出量程。

（8）不使测杆做过多无效的运动，否则会加快零件磨损，使杠杆百分表失去应有精度。

（9）当测杆移动发生阻滞时，须送计量室处理。

三、杠杆百分表的维护与保养

（1）远离液体，不使切削液、水或油与杠杆百分表接触。

（2）在不使用杠杆百分表时，要解除其所有负荷，让测量杆处于自由状态。

任务三　测量轴类零件的跳动误差

跳动公差具有综合控制形状误差和位置误差的功能，是影响机械加工产品、加工质量的一个重要因素。

任务目标

(1) 理解跳动公差的含义。

(2) 熟悉常用的跳动误差测量器具和测量方法。

(3) 了解径向圆跳动公差和轴向圆跳动公差的异同。

任务描述

根据图 3-3-1 所示的阶梯轴零件图，按图纸所示跳动公差要求完成跳动误差的测量工作。通过对本任务的学习，学生应学会如何正确测量跳动误差。

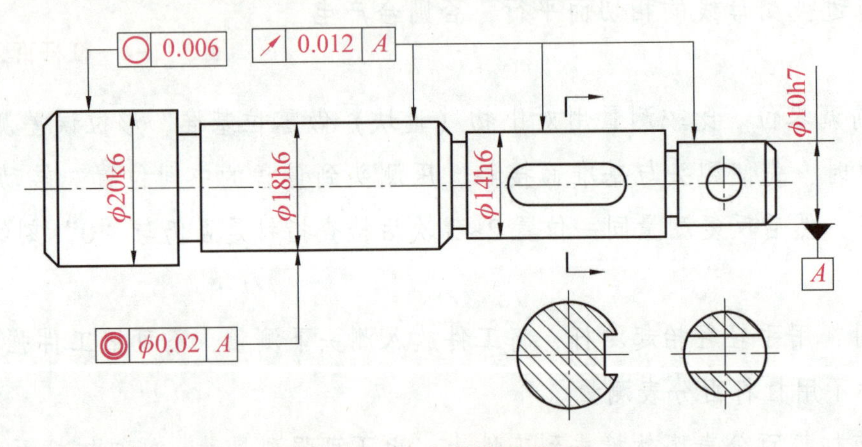

图 3-3-1 阶梯轴零件图

知识链接

金属切削加工过程中，被加工零件的加工精度和表面粗糙度直接受到机床主轴径向跳动误差大小的影响。因此，对轴类零件跳动误差的检验是提高其加工质量与性能的一个重要手段。

一、跳动公差

跳动公差是被测实际要素绕基准轴线回转一周或连续回转时所允许的最大跳动量，分为圆跳动公差和全跳动公差。

圆跳动公差是指被测实际要素在某一固定参考点绕基准轴线回转一周时，指示器示值所允许的最大变动量 t。按检测方向与基准轴线位置关系的不同，可将圆跳动公差分为径向圆跳动公差、轴向圆跳动公差和斜向圆跳动公差。当检测方向垂直于基准轴线时，为径向圆跳动公差；当检测方向平行于基准轴线时，为轴向圆跳动公差；当检测方向既不垂直也不平行于基准轴线，但为被测表面的法线方向时，为斜向圆跳动公差。

全跳动公差是指被测实际要素绕基准轴线旋转若干次，测量仪器与工件间同时做轴向或

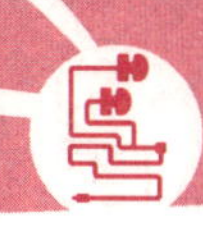

径向的相对位移时，指示器示值所允许的最大变动量。按被测要素绕基准轴线连续转动时，测量仪器的运动方向与基准轴线的关系，可将全跳动公差分为径向全跳动公差和轴向全跳动公差。跳动公差带的含义及标注示例如表 3-3-1 所示。

表 3-3-1　跳动公差带的含义及标注示例

特征	含义	标注示例
径向圆跳动公差	公差带是在垂直于基准轴线的任一横截面内，半径差为公差值 t，且圆心在基准轴线上的两个同心圆所限定的区域 t　基准轴线　测量平面	在任一平行于基准平面 B、垂直于基准轴线 A 的横截面上，提取（实际）圆应限定在半径差为 0.1，圆心在基准轴线 A 上的两个同心圆之间 ↗ 0.1 A B　A　B
轴向圆跳动公差	公差带是与基准轴线同轴的任一半径的圆柱截面上，间距等于公差值 t 的两圆所限定的圆柱面区域 t　基准轴线　测量圆柱面	在与基准轴线 D 同轴的任一圆柱形截面上，提取（实际）圆应限定在轴向距离 0.1 的两个等圆之间 ↗ 0.1 D　D
斜向圆跳动公差	公差带为与基准轴线同轴的某一圆锥截面上，间距等于公差值 t 的两圆所限定的圆锥面区域。除非另有规定，否则测量方向应沿被测表面的法向 基准轴线A　0.1　30°　测量圆锥面	在与基准轴线 A 同轴的任一圆锥截面上，提取（实际）线应限定在素线方向间距为 0.1 的两不等圆之间。当标注公差的素线不是直线时，圆锥截面的锥角要随所测圆的实际位置而改变 ↗ 0.1 A　A

续表

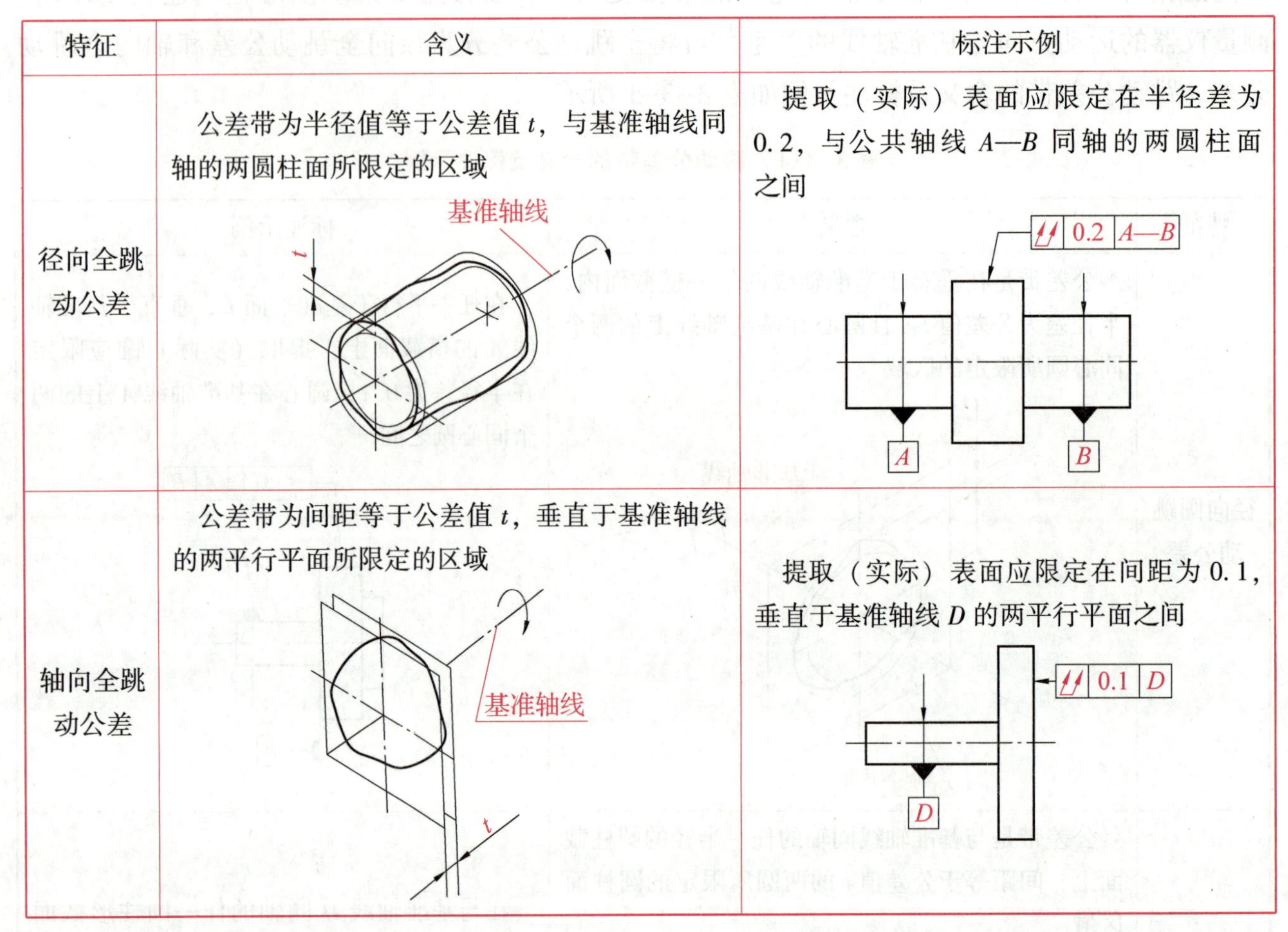

特征	含义	标注示例
径向全跳动公差	公差带为半径值等于公差值 t，与基准轴线同轴的两圆柱面所限定的区域	提取（实际）表面应限定在半径差为 0.2，与公共轴线 $A—B$ 同轴的两圆柱面之间
轴向全跳动公差	公差带为间距等于公差值 t，垂直于基准轴线的两平行平面所限定的区域	提取（实际）表面应限定在间距为 0.1，垂直于基准轴线 D 的两平行平面之间

二、偏摆仪测量圆跳动误差的方法

1. 测量径向圆跳动误差

（1）将测量器具和被测工件擦拭干净，然后把被测工件支承在偏摆检查仪上。

（2）连接百分表与表架，调节百分表，使表杆通过工件轴心线，测头与工件外表面接触并保持垂直，并有 1~2 圈的压缩量，如图 3-3-2 所示。

（3）缓慢而均匀地转动工件一周，记录百分表读数的最大值和最小值，最大值与最小值之差，即为该横截面的径向圆跳动误差值。

（4）按上述方法，取不同横截面 3 处，记录百分表的最大读数与最小读数。则所测截面中圆跳动误差的最大值，即为该零件的径向圆跳动误差。

图 3-3-2 测量圆跳动误差

2. 测量轴向圆跳动误差

（1）将杠杆百分表夹持在偏摆检查仪的表架上，缓慢移动表架，使杠杆百分表的测量头与被测端面接触，并将百分表压缩2~3圈。

（2）缓慢而均匀地转动工件一周，记录百分表读数的最大值和最小值，该最大值与最小值之差，即为直径处的轴向跳动误差。

（3）按上述方法，取不同横截面3处，记录百分表的最大读数与最小读数。则所测截面中圆跳动误差的最大值，即为该零件的轴向圆跳动误差。

任务练习

一、填空题

1. 跳动公差是________绕________回转一周或连续回转时所允许的________，分为________和________。

2. 圆跳动公差可以分为________、________和________。

3. 当检测方向垂直于基准轴线时，为________公差；当检测方向平行于基准轴线时，为________公差；当检测方向既不垂直也不平行于基准轴线，但为被测表面的法线方向时，为________公差。

4. 按被测要素绕基准轴线连续转动时，测量仪器的运动方向与基准轴线的关系，可将全跳动公差分为________和________。

二、选择题

1. 测量径向圆跳动误差时，指示表测头应(　　)，测量轴向圆跳动误差时，指示表测头应(　　)。

A. 垂直于轴线　　B. 平行于轴线　　C. 切斜与轴线　　D. 与轴线重合

2. 径向全跳动的公差带形状为(　　)。

A. 两同心圆　　B. 圆球面　　C. 同轴圆柱面　　D. 一个圆

三、简答题

1. 圆度公差带与径向圆跳动公差带形状有何区别？

2. 简述圆跳动和全跳动的异同。

任务拓展

阅读材料——跳动误差的常用检测方法

跳动误差常用的检测方法是用指示表（如百分表、千分表等）进行检测，具体的检测方法基本相同，主要区别是支承方式不同。除采用偏摆仪进行跳动误差检测外，还可以采用以下方式进行检测。

1. 用双 V 形块测量径向圆跳动误差

用双 V 形块测量工件的径向圆跳动误差。测量时，用 V 形块来模拟体现公共基准轴线，测量被测圆柱面上若干点到基准轴线的距离，取其中的最大值作为径向圆跳动的误差值。具体方法如下：

（1）将工件支承在一对 V 形块上，并在轴向定位，公共基准轴线由 V 形块来模拟；

（2）将指示表压缩 2~3 圈；

（3）将被测工件回转一周，读出指示表的最大变动量，即为单个测量平面上的径向跳动；

（4）按上述方法测量若干个截面，取各截面跳动量的最大值作为径向圆跳动误差；

（5）根据测量结果判断零件径向圆跳动的合格性。

2. 打表法测量轴向圆跳动误差

用打表法测量工件的轴向圆跳动误差。测量时，用 V 形块来模拟体现基准轴线，测量被测端面某一圆周上各点至垂直于基准轴线的平面之间的距离，取其中的最大值作为轴向圆跳动的误差值。具体方法如下：

（1）将被测件放在 V 形块上，基准轴线由 V 形块来模拟，并进行轴向定位；

（2）将指示表压缩 2~3 圈；

（3）将被测工件回转一周，读出指示表的最大变动量，即为单个测量平面上的轴向跳动；

（4）按上述方法测量若干个截面，取各截面跳动量的最大值作为轴向圆跳动误差；

（5）根据测量结果判断零件轴向圆跳动的合格性。

3. 打表法测量斜向圆跳动误差

用打表法测量工件的斜向圆跳动误差。测量时，用导向套筒来模拟体现基准轴线。具体方法如下：

（1）将被测件装在导向套筒内，并进行轴向定位；

（2）将指示表压缩 2~3 圈；

（3）将被测工件回转一周，读出指示表的最大变动量，即为单个测量平面上的斜向圆跳动；

（4）按上述方法测量若干个截面，取各截面跳动量的最大值作为斜向圆跳动误差；

（5）根据测量结果判断零件斜向圆跳动的合格性。

4. 打表法测量径向全跳动误差

用打表法测量工件的径向全跳动误差。测量时，用 V 形块来模拟体现基准轴线，测量圆柱面上各点到基准轴线的距离，取各点距离中的最大值作为径向全跳动的误差值。具体方法如下：

（1）将被测件放在 V 形块上，基准轴线由 V 形块来模拟，轴向通过圆球支承定位；

（2）调节指示表，使测头与工件被测外圆表面的最高点接触，将指示表压缩 2~3 圈；

（3）将被测工件缓慢回转，同时指示表沿轴线方向作直线移动，使指示表测头在外圆表面的整个表面上划过，记下表上指针的最大读数与最小读数；

（4）取两读数的差值作为测量要素的径向全跳动误差；

（5）根据测量结果判断零件径向全跳动的合格性。

5. 打表法测量轴向全跳动误差

用打表法测量工件的端面全跳动误差。测量时，用 V 形块来模拟体现基准轴线，测量被测端面上各点至垂直于基准轴线的平面之间的距离，取其中的最大值作为轴向全跳动的误差值。具体方法如下：

（1）将被测件放在 V 形块上，基准轴线由 V 形块来模拟，并进行轴向定位；

（2）调节指示表，使测头与工件被测端面的最高点接触，将指示表压缩 2~3 圈；

（3）将被测工件缓慢回转，同时指示表沿垂直轴线的方向作直线移动，使指示表测头在被测端面的整个表面上划过，记下表上指针的最大读数与最小读数；

（4）取两读数的差值作为测量要素的轴向全跳动误差；

（5）根据测量结果判断零件轴向全跳动的合格性。

任务四　测量套类零件的表面粗糙度

表面粗糙度是反映零件表面微观几何形状误差和检验零件表面质量的一个重要技术指标。表面粗糙度是否合理直接关系到产品的质量、使用寿命和生产成本，因此为保证零件的使用性能和互换性，在零件几何精度设计时必须给出合理的表面粗糙度要求。

任务目标

（1）理解表面粗糙度的概念。

（2）知道表面粗糙度对零件使用性能的影响。

（3）了解轮廓算术平均偏差和轮廓最大高度概念。

任务描述

图 3-4-1 为套类零件，根据图纸中表面粗糙度要求选择合适的检测方法。通过对本任务的学习，学生应学会利用表面粗糙度样板检测套类零件表面粗糙度，并判断其合格性。

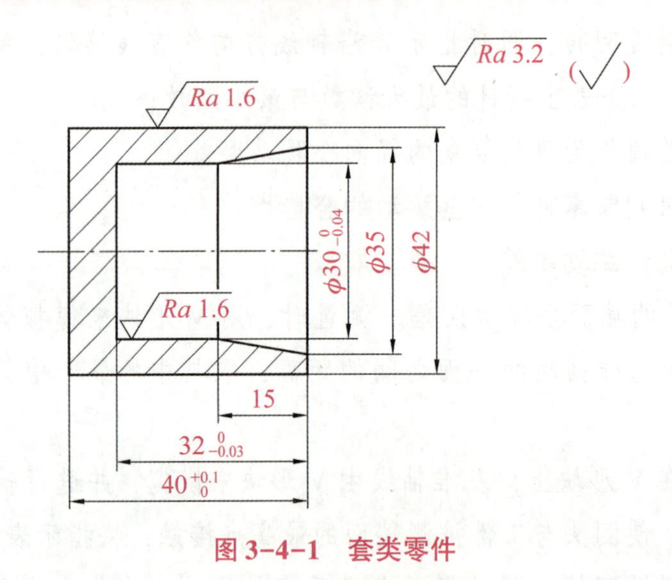

图 3-4-1 套类零件

知识链接

零件表面不论是用机械加工方法还是用其他方法获得，都不可能是绝对光洁平滑的，总会存在着由微小间距和微观峰谷组成的高低不平的痕迹。这种表面微观几何形状误差，与机械零件的配合性质、工作精度、耐磨损性、抗腐蚀性等有着十分密切的关系，它直接影响到机器或仪器的可靠性和使用寿命。

一、表面粗糙度基础知识

1. 表面粗糙度的概念

表面粗糙度主要是指切削加工过程中由于刀具和工件表面之间的强烈摩擦、切屑分离过程中的物料残留以及工艺系统的高频振动等原因，在工件表面上造成的具有较小间距和微小峰谷不平度的微观误差现象，这是一种微观几何形状误差，也称为微观不平度。表面粗糙度越小，表面越光滑。从微观的表面结构可以看出，事物往往并不是肉眼看到的那样，我们应该用不同的方式、不同的角度去观察事物，探究真相。

零件同一表面存在着叠加在一起的 3 种误差，即形状误差（宏观几何形状误差）、表面波度误差和表面粗糙度误差，如图 3-4-2 所示。三者之间，通常可按相邻波峰和波谷之间的距离（波距）加以区分：波距在 10 mm 以上属形状误差范围，波距在 1 ~ 10 mm 之间属表面波度范围，波距在 1 mm 以下属表面粗糙度范围。

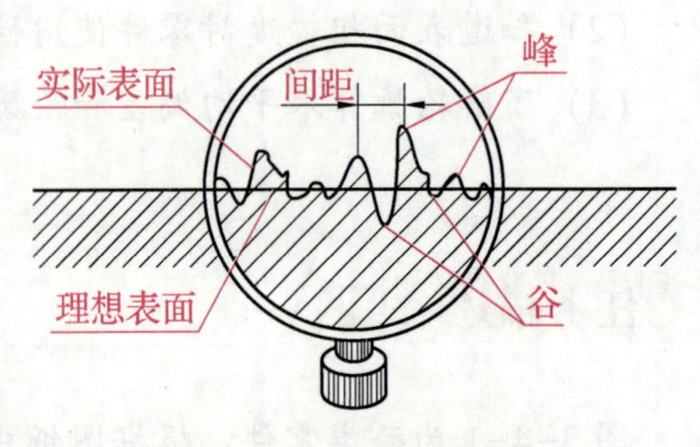

图 3-4-2 表面粗糙度

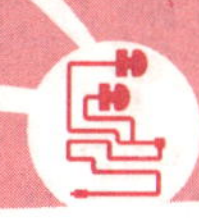

2. 表面粗糙度对零件使用性能的影响

零件表面粗糙度的大小对零件的使用性能有很大影响，主要表现在如下几个方面。

1）对零件表面耐磨性的影响

表面粗糙度越大，零件工作表面的摩擦磨损和能量消耗越严重。表面越粗糙，配合面之间的有效接触面积越小，压强增大，磨损就越快，由摩擦而消耗的能量就越大。相反，如果表面粗糙度过小，则一方面将增加制造成本，另一方面加大了金属分子间的吸附力，不利于润滑油的储存，容易使相互配合的工作表面之间形成干摩擦，使金属接触面产生胶合磨损而损坏。

2）对配合性质稳定性的影响

对于间隙配合，表面越粗糙，就越容易磨损，使工作过程中的配合间隙逐渐增大；对于过盈配合，由于压合装配时会将微观凸峰挤平，因此减小了实际有效过盈量，降低了过盈配合的连接强度。上述微观凸峰被磨损或被挤平的现象，对于那些配合稳定性要求较高、配合间隙量或配合过盈量较小的高速重载机械影响更显著，故适当地选定表面粗糙度参数值尤为重要。

3）对零件疲劳强度的影响

粗糙的零件表面存在较大的微观峰谷，它们的尖锐缺口和裂纹对应力集中十分敏感，从而使零件的疲劳强度大大降低。

4）对零件表面抗腐蚀性的影响

比较粗糙的表面，易使腐蚀性气体或液体通过微观峰谷渗入金属内层造成表面锈蚀。同时，微观凹谷处容易藏污纳垢，产生化学腐蚀和电化学腐蚀。

5）对零件表面密封性的影响

静力密封时，粗糙的零件表面之间无法严密地贴合，容易使气体或液体通过接触面间的微小缝隙发生渗漏。同理，对于动力密封，其配合面的表面粗糙度参数值也不能过低，否则受压后会破坏油膜，从而失去润滑作用。

6）对机器或仪器工作精度的影响

表面粗糙度越大，配合表面之间的实际接触面积就越小，致使单位面积受力增大，造成峰顶处的局部塑性变形加剧，接触刚度下降，影响机器工作精度和精度稳定性。

7）对设备的振动、噪声及动力消耗的影响

当运动副的表面粗糙度参数值过大时，运动件将会产生振动和噪声，这种现象在高速运转的发动机曲轴和凸轮、齿轮以及滚动轴承中很明显。显然，配合表面粗糙时，随着摩擦系数的增大，摩擦力增大，动力消耗也会增加。

此外，表面粗糙度对零件的镀涂层、导热性和接触电阻、反射能力和辐射性能、液体和气体的流动阻力、导体表面电流的流通等都会产生不同程度的影响。综上所述，表面粗糙度在零件的几何精度设计中是必不可少的项目，是一种十分重要的零件质量评定指标。为了保证零件的使用性能和使用寿命，应对其加以合理限制。

二、表面粗糙度的评定

1. 有关基本术语

1）粗糙度轮廓中线

评定表面粗糙度参数值大小时所用的一条参考线，称为基准线。基准线有以下两种。

（1）轮廓最小二乘中线。根据实际轮廓用最小二乘法来确定，即在取样长度范围内，使轮廓上各点至该线的距离的平方和为最小。

（2）轮廓算术平均中线：在取样长度范围内，用一条假想线将实际轮廓分成上下两部分，且使上半部分的面积之和等于下半部分的面积之和。

标准规定：一般应以轮廓最小二乘中线作为基准线。但由于在实际轮廓图形上确定最小二乘中线的位置比较困难，且通常在带有计算机的测量系统中，可由相关的程序来确定，因此规定可用轮廓算术平均中线代替最小二乘中线，以便用图解法近似确定最小二乘中线。在实际应用中，最小二乘中线与算术平均中线相差很小。轮廓算术平均中线的位置，有时也可用目测估计法确定。

2）取样长度 l_r

取样长度是用于判别被评定轮廓的不规则特征的 X 轴方向上的一段基准线长度，它在轮廓总的走向上量取，如图 3-4-3 所示。规定和选择取样长度是为了限制和削弱表面波纹度（波距在 1～10 mm）对表面粗糙度测量结果的影响。l_r 过长，表面粗糙度的测量值中可能包含有表面波纹度的成分；过短，则不能客观地反映表面粗糙度的实际情况，使测得结果有很大随机性。可见，取样长度与表面粗糙度的评定参数有关，在取样长度范围内，一般应包含 5 个以上的轮廓峰和轮廓谷。

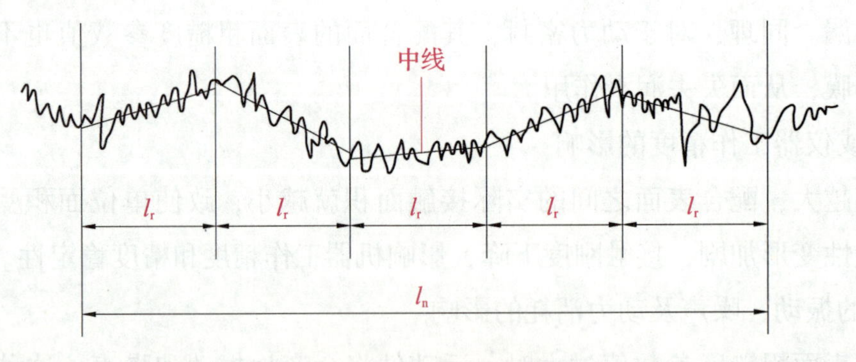

图 3-4-3　取样长度

3）评定长度 l_n

评定长度是用于判别被评定轮廓的表面粗糙度特性所需的 X 轴方向上的长度，由于零件表面存在不均匀性，因此规定在评定时它包括一个或几个取样长度，用 l_n 表示。在评定长度内，根据取样长度进行测量，此时可得到一个或几个测量值；取其平均值作为表面粗糙度数值的可靠值。

2. 表面粗糙度的评定参数

GB/T 3505—2009《产品几何技术规范（GPS）表面结构　轮廓法　术法、定义及表面结构参数》规定评定表面粗糙度的参数有主参数（高度参数）和附加参数（间距参数和形状参数）。评定粗糙度轮廓应用最多的两个高度参数是轮廓算术平均偏差和轮廓最大高度。

1）轮廓算术平均偏差 *Ra*

轮廓算术平均偏差 *Ra* 是在一个取样长度 l_r 内，轮廓上各点至基准线的距离的绝对值的算术平均值，如图 3-4-4 所示。其近似表达式为

$$Ra = \frac{1}{n}\sum_{i=1}^{n}|y_i|$$

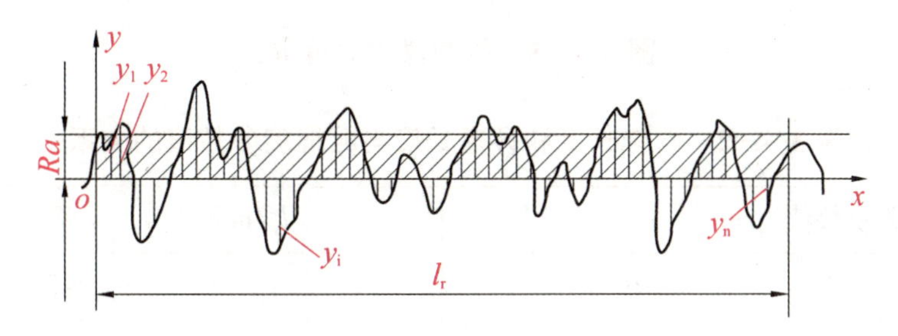

图 3-4-4　轮廓算术平均偏差 *Ra*

Ra 越大，则表面越粗糙；反之，表面就越光滑平整。*Ra* 能客观地反映表面微观几何形状的特性，但受到计量器具功能的限制，不能用作过于粗糙或太光滑表面的评定参数。轮廓算术平均偏差 *Ra* 的数值规定如表 3-4-1 所示。

表 3-4-1　轮廓算术平均偏差 *Ra* 的数值规定

参数	数值规定		
轮廓算术平均偏差 *Ra*	0.012 0.025 0.050 0.100	0.2 0.4 0.8 1.6 3.2 6.3	12.5 25 50 100

2）轮廓最大高度 *Rz*

轮廓最大高度 *Rz* 是在一个取样长度 l_r 内，最大轮廓峰高 *Zp* 和最大轮廓谷深 *Zv* 之间的距离，如图 3-4-5 所示。其表达式为

$$Rz = Zp + Zv$$

Rz 值越大，表面越粗糙。*Rz* 值不如 *Ra* 值能反映几何特征，它主要用于控制不允许出现较深加工痕迹的表面，当考虑表面的耐磨性能、接触刚度、疲劳强度以及耐腐蚀性时使用。

一般情况下，当测量 *Ra* 和 *Rz* 时，推荐按表 3-4-2 选取相应的评定长度。如被测表面均匀性较好，则测量时可选用小于 $5l_r$ 的评定长度值；均匀性较差的表面可选用大于 $5l_r$ 的评定长度。

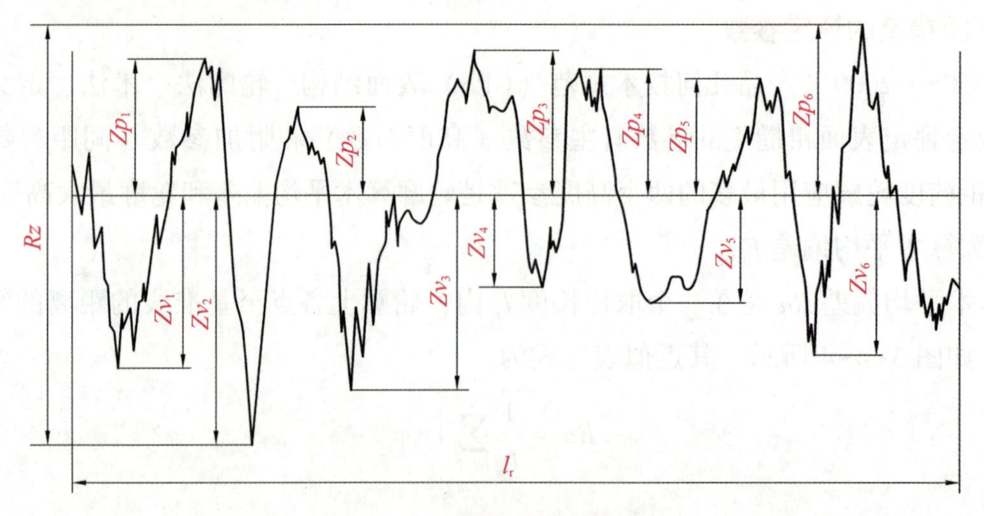

图 3-4-5 轮廓最大高度 Rz

表 3-4-2 取样长度和评定长度与粗糙度参数值的关系

参数及数值/μm		l_r/mm	l_n/mm
Ra	Rz	$l_n=5l_r$	
0.008~0.02	0.025~0.10	0.08	0.4
0.02~0.1	0.10~0.50	0.25	1.25
0.1~2.0	0.50~10.0	0.8	4.0
2.0~10.0	10.0~50.0	2.5	12.5
10.0~80.0	50.0~320	8.0	40.0

三、表面粗糙度的符号及标注

1. 表面粗糙度的符号

GB/T 131—2006《产品几何技术规范（GPS）技术产品文件中表面结构的表示法》对表面粗糙度的符号、代号及其标准作了规定，现就其基本内容作简要介绍。表面粗糙度符号如表 3-4-3 所示。

表 3-4-3 表面粗糙度符号

符号名称	符号	含义
基本图形符号	√	由两条不等长的与标注表面成 60°夹角的直线构成，仅用于简化代号标注，没有补充说明时不能单独使用
扩展图形符号	[带短横的符号]	在基本图形符号上加一短横，表示指定表面用去除材料的方法（如通过车、铣、磨、电加工等）获得
	[带圆圈的符号]	在基本图形符号上加一圆圈，表示指定表面用非去除材料的方法（如铸、锻、冲压变形、热轧、粉末冶金等）获得

续表

符号名称	符号	含义
完整图形符号	√‾ ∇‾ ⊘‾	当要求标注表面结构特征的补充信息时，应在图形符号的长边上加一横线

2. 表面粗糙度的含义

表面粗糙度标注示例及含义如表 3-4-4 所示。

表 3-4-4　表面粗糙度标注示例及含义

标注示例	含义
Ra 1.6	表示去除材料，单向上限值，默认传输带，R 轮廓，粗糙度算术平均偏差为 1.6 μm，评定长度为 5 个取样长度（默认），“16%规则”（默认）
Rz max 0.2	表示不允许去除材料，单向上限值，默认传输带，R 轮廓，粗糙度最大高度的最大值为 0.2 μm，评定长度为 5 个取样长度（默认），“最大规则”
URa max 3.2 LRa0.8	表示不允许去除材料，单向上限值，默认传输带，R 轮廓，上限值：算术平均偏差为 3.2 μm，评定长度为 5 个取样长度（默认），“最大规则”；下限值：算术平均偏差为 0.8 μm，评定长度为 5 个取样长度（默认），“16%规则”（默认）
铣 -0.8Ra 3　6.3 ⊥	表示去除材料，单向上限值，传输带。根据 GB/T 6062—2009，取样长度为 0.8 μm，R 轮廓，算术平均偏差极限值为 6.3 μm，评定长度为 3 个取样长度（默认），“16%规则”（默认）。加工方法：铣削，纹理垂直于视图所在的投影面

3. 表面粗糙度的标注实例

表面粗糙度要求在图样中的标注实例如表 3-4-5 所示。

表 3-4-5　表面粗糙度要求在图样中的标注实例

说明	实例
表面粗糙度要求对每一表面一般只标注一次，并尽可能标注在相应的尺寸及其公差的同一视图上。除非另有说明，所标注的表面结构要求是对完工零件表面的要求	Ra 1.6 Ra 1.6 Rz 12.5 Ra 3.2

续表

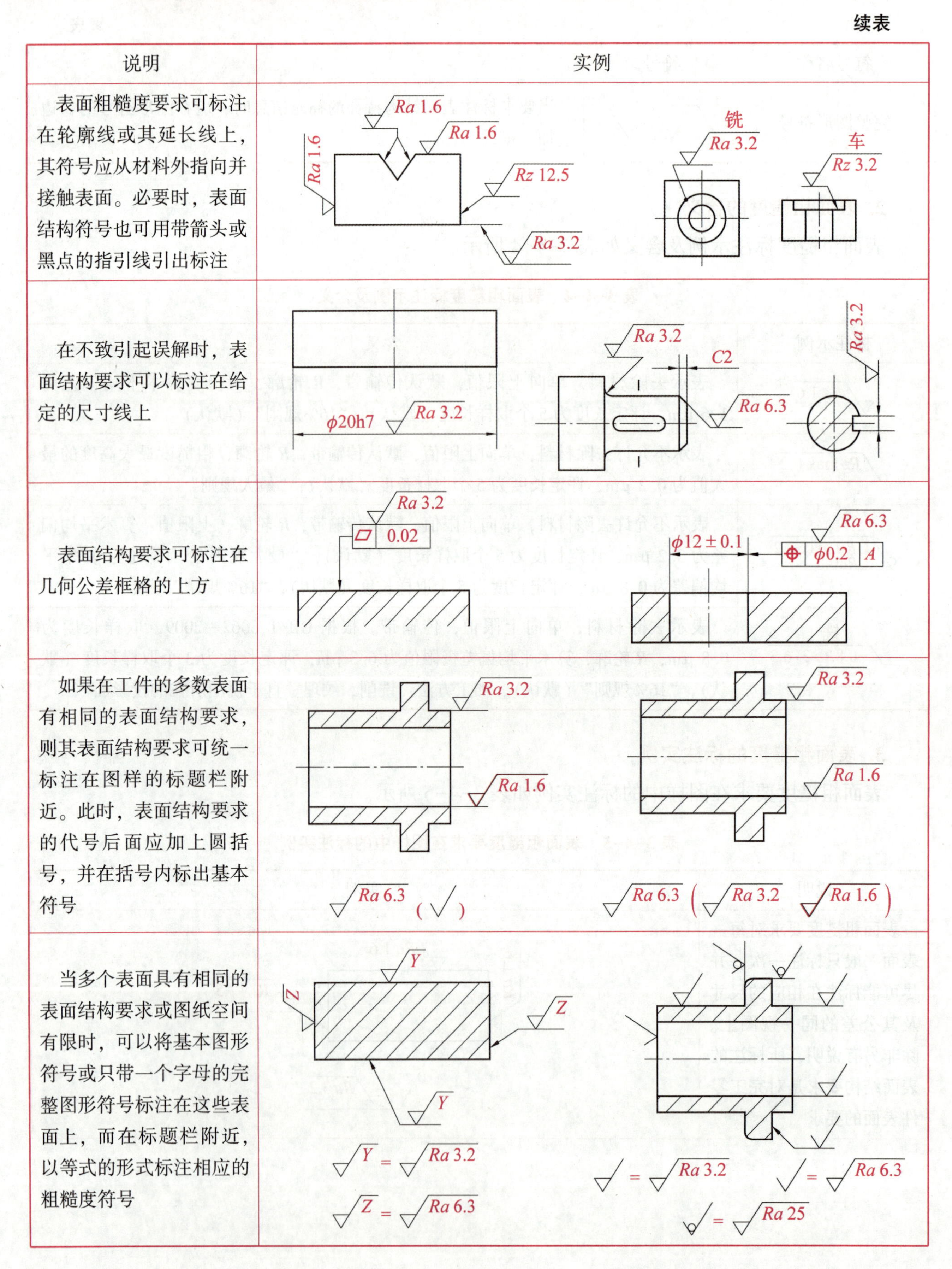

说明	实例
表面粗糙度要求可标注在轮廓线或其延长线上，其符号应从材料外指向并接触表面。必要时，表面结构符号也可用带箭头或黑点的指引线引出标注	Ra 1.6；Ra 1.6；Ra 1.6；Rz 12.5；Ra 3.2；铣 Ra 3.2；车 Rz 3.2
在不致引起误解时，表面结构要求可以标注在给定的尺寸线上	φ20h7 Ra 3.2；Ra 3.2；C2；Ra 6.3；Ra 3.2
表面结构要求可标注在几何公差框格的上方	Ra 3.2；0.02；Ra 6.3；φ12±0.1；φ0.2 A
如果在工件的多数表面有相同的表面结构要求，则其表面结构要求可统一标注在图样的标题栏附近。此时，表面结构要求的代号后面应加上圆括号，并在括号内标出基本符号	Ra 3.2；Ra 1.6；Ra 6.3 (√)；Ra 3.2；Ra 1.6；Ra 6.3 (Ra 3.2 Ra 1.6)
当多个表面具有相同的表面结构要求或图纸空间有限时，可以将基本图形符号或只带一个字母的完整图形符号标注在这些表面上，而在标题栏附近，以等式的形式标注相应的粗糙度符号	Y；Z；Z；Y；Y = Ra 3.2；Z = Ra 6.3；= Ra 3.2；= Ra 6.3；= Ra 25

四、表面粗糙度的检测方法

表面粗糙度常用的检测方法有比较法、光切法、干涉法和针描法 4 种。

1. 比较法

比较法测量表面粗糙度是生产中常用的检测方法之一，它是通过视觉、触觉或放大镜、比较显微镜等工具，将被测表面与标有一定评定参数值的表面粗糙度样板进行比较，从而判断被测表面粗糙度值的一种方法。选择样板时，其材料、形状、加工方法、加工纹理方向等应尽可能与被测表面相同，否则将产生较大的误差。用比较法评定表面粗糙度，虽然不能精确地得出被测表面的粗糙度值，但由于器具简单，使用方便，能满足一般的生产需要，故常用于生产现场中评定表面粗糙度参数值较大的表面。表面粗糙度样块如图 3-4-6 所示。

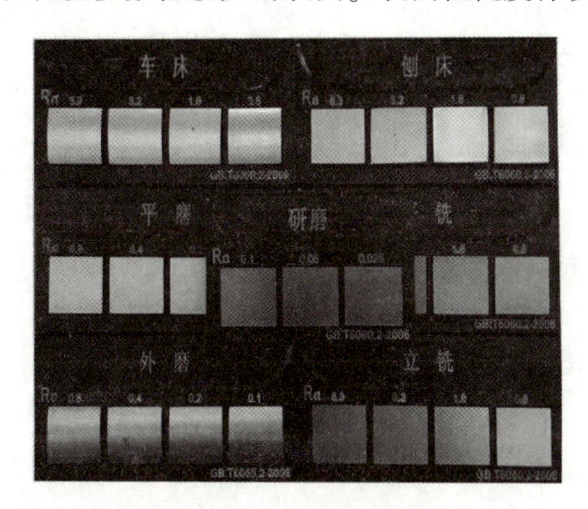

图 3-4-6　表面粗糙度样块

2. 光切法

光切法是应用光切原理测量表面粗糙度值的一种测量方法，主要用于测量采用车、铣、刨或其他类似加工方法加工的金属零件表面。光切法主要用于测量 *Rz* 值，其测量范围一般为 0. 6~60 μm。按光切原理制成的仪器称为光切显微镜。

3. 干涉法

干涉法是应用光波干涉原理测量表面粗糙度值的一种测量方法，主要用于测量 *Rz* 值，其测量范围为 0. 032~0. 8 μm。按干涉原理制成的仪器称为干涉显微镜。

4. 针描法

针描法是一种接触式测量表面粗糙度值的方法，采用此方法测量的仪器为表面粗糙度轮廓仪。表面粗糙度轮廓仪可直接显示 *Ra* 值，还可测出 *Rz* 等多个参数值，并能在车间现场使用。因此，针描法检测表面粗糙度得到了广泛的应用。

任务练习

一、填空题

1. 零件同一表面存在着叠加在一起的 3 种误差，即________、________和________。

2. 取样长度用符号________来表示，评定长度用符号________来表示。

3. ________与表面粗糙度的评定参数有关，在________范围内，一般应包含 5 个以上的轮廓峰和轮廓谷。

4. 取样长度过长，表面粗糙度的测量值中可能包含有________的成分；过短，则不能客观地反映表面粗糙度的________，使测得结果有很大随机性。

5. *Ra* 数值越大，则表面越________；反之，表面就越________。

二、选择题

1. 表面粗糙度是(　　)误差。

A. 宏观几何形状　　B. 微观几何形状　　C. 宏观相互位置　　D. 微观相互位置

2. 在 *X* 轴方向上判别被评定轮廓的不规则特征的长度称为(　　)。

A. 取样长度　　B. 基本长度　　C. 轮廓长度　　D. 评定长度

3. 车间生产中评定表面粗糙度最常用的方法是(　　)。

A. 光切法　　B. 针描法　　C. 干涉法　　D. 比较法

三、判断题

1. 表面粗糙度是微观形状误差，所以对零件使用性能影响不大。　　(　　)

2. 零件的尺寸精度越高，通常表面粗糙度参数值相应取得越小。　　(　　)

3. 表面粗糙度值越小越好。　　(　　)

4. 表面粗糙度值越大，越有利于零件耐磨性和抗腐蚀性的提高。　　(　　)

四、简答题

1. 什么是表面粗糙度？

2. 表面粗糙度对零件使用性能有哪些影响？

3. 常见的粗糙度测量方法有哪几种？简述它们的基本原理。

任务拓展

阅读材料——表面粗糙度轮廓仪

一、表面粗糙度轮廓仪简介

表面粗糙度轮廓仪是用于测量物体表面粗糙度的仪器。最早，人们是用标准样件或样块，通过肉眼观察或用手触摸，对物体表面粗糙度做出定性的综合评定。后来，各国相继研制出多种测量表面粗糙度的仪器。表面粗糙度轮廓仪如图 3-4-7 所示。

图 3-4-7　表面粗糙度轮廓仪

表面粗糙度轮廓仪用针描法测量表面粗糙度，其测量迅速方便、测值精度较高、应用较为广泛。

二、针描法工作原理

针描法又称触针法。当触针直接在工件被测表面上轻轻划过时，由于被测表面轮廓峰谷起伏，触针将在垂直于被测轮廓表面方向上产生上下移动，这种移动通过电子装置转换成电信号并加以放大，然后通过指零表或其他输出装置将有关表面粗糙度的数据或图形输出。具体在使用过程中，测量工件表面粗糙度时，将传感器放在工件被测表面上，由仪器内部的驱动机构带动传感器沿被测表面做等速滑行。传感器通过内置的锐利触针感受被测表面的粗糙度，此时工件被测表面的粗糙度使触针产生位移，该位移使传感器电感线圈的电感量发生变化，从而在相敏整流器的输出端产生与被测表面的粗糙度成比例的模拟信号。该信号经过放大及电平转换之后进入数据采集系统，DSP 芯片将采集的数据进行数字滤波和参数计算，测量结果在液晶显示器上读出，也可在打印机上输出，还可以与计算机进行通信。

项目四

螺纹的测量

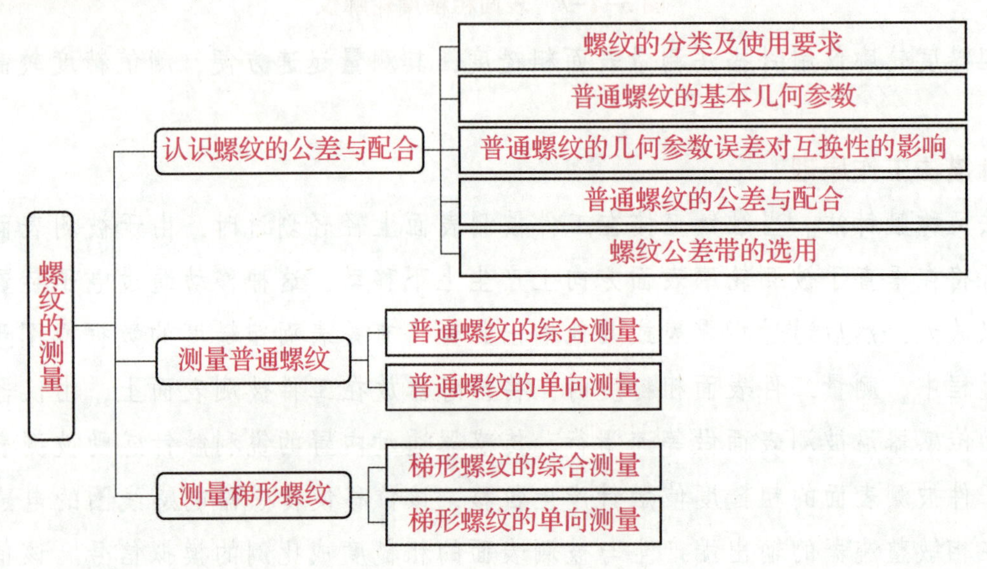

任务一 认识螺纹的公差与配合

螺纹结合是机械制造业中广泛采用的一种结合形式，它由内螺纹、外螺纹，通过相互旋合及牙侧面的接触作用来实现零部件间的连接、紧固和产生相对位移等功能。

了解螺纹的几何参数；

了解螺纹几何参数对螺纹互换性的影响。

任务描述

图 4-1-1 为螺纹的结构要素。通过对本任务的学习，学生应掌握螺纹的几何参数，了解螺纹几何参数对互换性的影响，为后面的螺纹测量打下基础。

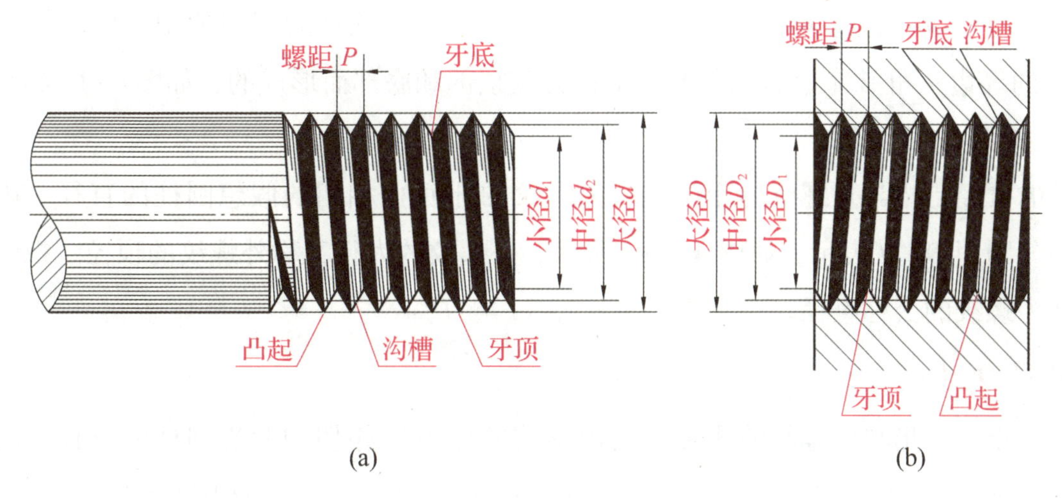

图 4-1-1　螺纹的结构要素

（a）外螺纹；（b）内螺纹

知识链接

普通螺纹是应用最为广泛的连接螺纹，在机械设备和仪器仪表中常用于连接和紧固零件，使其达到规定的使用功能要求，并且保证螺纹结合的互换性。

一、螺纹的分类及使用要求

1. 紧固螺纹

紧固螺纹为普通螺纹，其牙型为三角形，主要用于紧固和连接零件，分粗牙螺纹和细牙螺纹。其主要使用要求为可旋合性和连接的可靠性。

可旋合性是指内、外螺纹易于旋入和拧出，以便装配和拆换；连接的可靠性是指螺纹具有一定的连接强度，螺牙不得过早损坏和自动松脱。

2. 传动螺纹

传动螺纹用于传递精确位移或动力，其主要使用要求是：对于传递位移的螺纹要求传动比恒定，而传递动力的螺纹则要求具有足够的强度，各种传动螺纹都要求具有一定的间隙以便储存润滑油。

3. 密封螺纹

密封螺纹用于密封的螺纹连接，如管螺纹的连接，要求结合紧密、不漏水、不漏气、不漏油。这类螺纹的使用要求主要是具有良好的旋合性和密封性。

二、普通螺纹的基本几何参数

1. 基本牙型

基本牙型是指在通过螺纹轴线的剖面内作为螺纹设计依据的理想牙型。可以把它看作是在高为 H 的等边三角形（原始三角形）上截去其顶部和底部而形成的，如图 4-1-2 所示。

2. 大径 D（d）

螺纹的大径是指与外螺纹的牙顶（或内螺纹的牙底）相切的假想圆柱的直径。内、外螺纹的大径分别用 D、d 表示，如图 4-1-2 所示。外螺纹的大径又称外螺纹的顶径。螺纹大径的公称尺寸为螺纹的公称直径。

3. 小径 D_1（d_1）

螺纹的小径是指与外螺纹的牙底（或内螺纹的牙顶）相切的假想圆柱的直径。内、外螺纹的小径分别用 D_1 和 d_1 表示，如图 4-1-2 所示。内螺纹的小径又称内螺纹的顶径。

4. 中径 D_2（d_2）

螺纹牙型的沟槽和凸起宽度相等处假想圆柱的直径称为螺纹中径。内、外螺纹中径分别用 D_2 和 d_2 表示，如图 4-1-2 所示。

5. 螺距 P

在螺纹中径线（中径所在圆柱面的母线）上，相邻两牙对应两点间轴向距离称为螺距，用 P 表示，如图 4-1-2 所示。螺距有粗牙和细牙两种。

螺距与导程不同，导程是指同一条螺旋线在中径线上相邻两牙对应点之间的轴向距离，用 P_h 表示。对单线螺纹，导程 P_h 和螺距 P 相等。对多线螺纹，导程 P_h 等于螺距 P 与螺纹线数 n 的乘积，即 $P_h=nP$。

6. 单一中径

一个假想圆柱直径，该圆柱母线通过牙型上的沟槽宽度等于 1/2 基本螺距的地方。

7. 牙型角 α 和牙型半角 $\frac{\alpha}{2}$

牙型角是指在螺纹牙型上相邻两个牙侧面的夹角，如图 4-1-2 所示，普通螺纹的牙型角为 60°。牙型半角是指在螺纹牙型上，某一牙侧与螺纹轴线的垂线间的夹角，普通螺纹的牙型半角为 30°。

8. 螺纹的旋合长度

螺纹的旋合长度是指两个相互旋合的内、外螺纹，沿螺纹轴线方向相互旋合部分的长度。如图 4-1-3 所示。

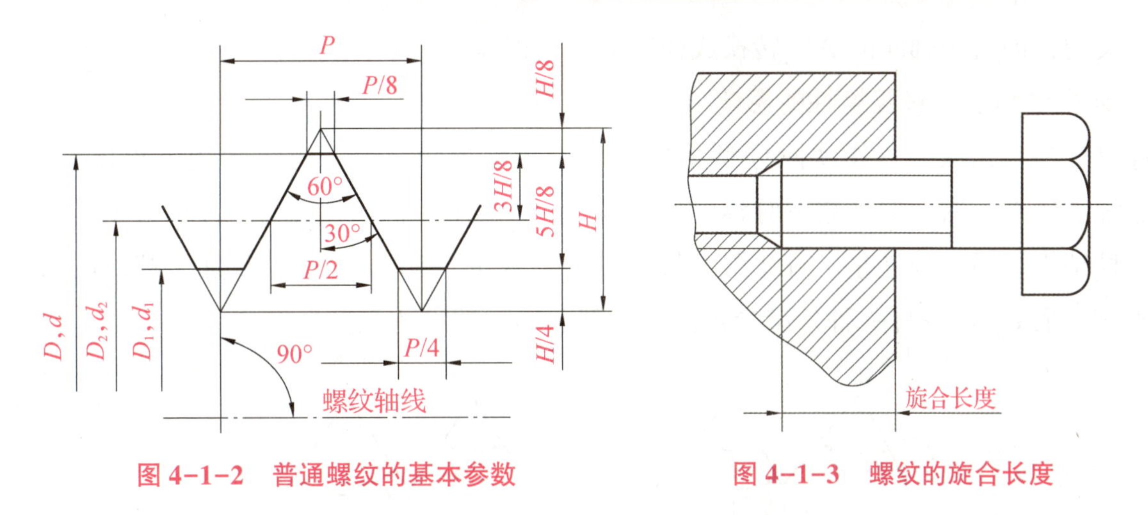

图 4-1-2　普通螺纹的基本参数　　图 4-1-3　螺纹的旋合长度

三、普通螺纹的几何参数误差对互换性的影响

普通螺纹的几何参数较多，加工过程中都会产生误差，都将不同程度地影响螺纹的互换性。其中，中径误差、螺距误差和牙型半角误差是影响互换性的主要因素。

1. 螺距误差对螺纹互换性的影响

普通螺纹的螺距误差有两种，一种是单个螺距误差，另一种是螺距累积误差。单个螺距误差是指单个螺距的实际值与理论值之差，与旋合长度无关，用 ΔP 表示。螺距累积误差是指在指定的螺纹长度内，包含若干个螺距的任意两牙，在中径线上对应的两点之间的实际轴向距离与其理论值（两牙间所有理论螺距之和）之差，与旋合长度有关，用 ΔP_{Σ} 表示。影响螺纹旋合性的主要是螺距累积误差，如图 4-1-4 所示。

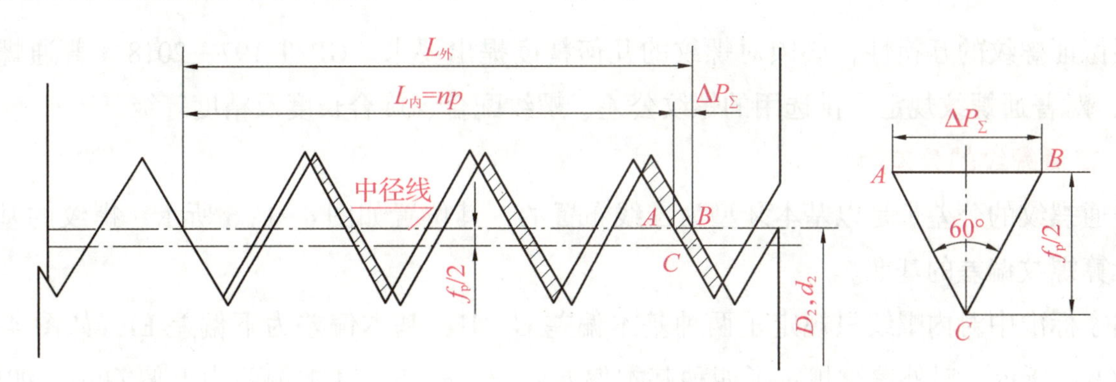

图 4-1-4　螺距累积误差对旋合性的影响

假设内螺纹无螺距误差，也无牙型半角误差，并假设外螺纹无半角误差但存在螺距累积误差，则内、外螺纹旋合时，就会发生干涉（图 4-1-4 中阴影部分），且随着旋进牙数的增加，干涉量会增加，最后无法再旋合，从而影响螺纹的互换性。

螺距误差主要是由加工机床运动链的传动误差引起的，若用成形刀具如板牙、丝锥加工，则刀具本身的螺距误差会直接造成工件的螺距误差。

螺距累积误差 ΔP_{Σ} 虽是螺纹牙侧在轴线方向的位置误差，但从对螺纹互换性的影响来看，它和螺纹牙侧在径向的位置误差（外螺纹中径增大）的结果是相当的。可见，螺距误差是与中径相关的，即可把轴向的ΔP_{Σ}转换成径向的中径误差。

2. 牙型半角误差对互换性的影响

螺纹牙型半角误差是指实际牙型半角与理论牙型半角之差。螺纹牙型半角误差有两种，一种是螺纹的左、右牙型半角不对称，如图 4-1-5 所示。车削螺纹时，若车刀未装正，便会造成这种结果。另一种是左、右牙型半角相等，但不等于 30°。这是由于加工螺纹的刀具角度不等于 60°所致。不论哪一种牙型半角误差，都会影响螺纹的互换性。

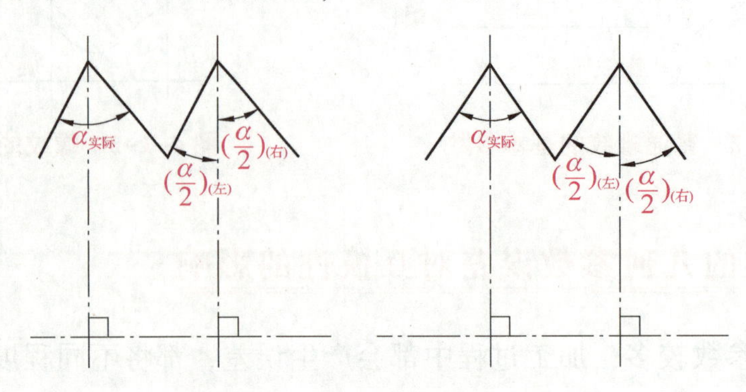

图 4-1-5 螺纹的牙型半角误差

3. 中径误差对螺纹互换性的影响

由于螺纹在牙侧面接触，因此中径的大小直接影响牙侧相对轴线的径向位置。外螺纹中径大于内螺纹中径，影响互换性；外螺纹中径过小，影响连接强度。因此，必须对内、外螺纹中径误差加以控制。

四、普通螺纹的公差与配合

要保证螺纹的互换性，必须对螺纹的几何精度提出要求。GB/T 197—2018《普通螺纹公差》，对普通螺纹规定了供选用的螺纹公差、螺纹配合、旋合长度及精度等级。

1. 普通螺纹的公差带

普通螺纹的公差带是以基本牙型为零线布置的，其位置如图 4-1-6 所示。螺纹的基本牙型是计算螺纹偏差的基准。

国家标准中对内螺纹只规定了两种基本偏差 G、H，基本偏差为下偏差 EI，如图 4-1-6 (a)、(b) 所示。对外螺纹规定了四种基本偏差 e、f、g、h，基本偏差为上偏差 es，如图 4-1-6 (c)、(d) 所示。H 和 h 的基本偏差值为零，G 的基本偏差值为正，e、f、g 的基本偏差值为负。

2. 公差带的大小和公差等级

普通螺纹公差带的大小由公差等级决定。内、外螺纹的公差等级如表 4-1-1 所示，其中 6 级为基本级。中径、顶径的公差分别如表 4-1-2、表 4-1-3 所示。由于内螺纹加工困难，因此在公差等级和螺距值都一样的情况下，内螺纹的公差值比外螺纹的公差值大约大 32%。

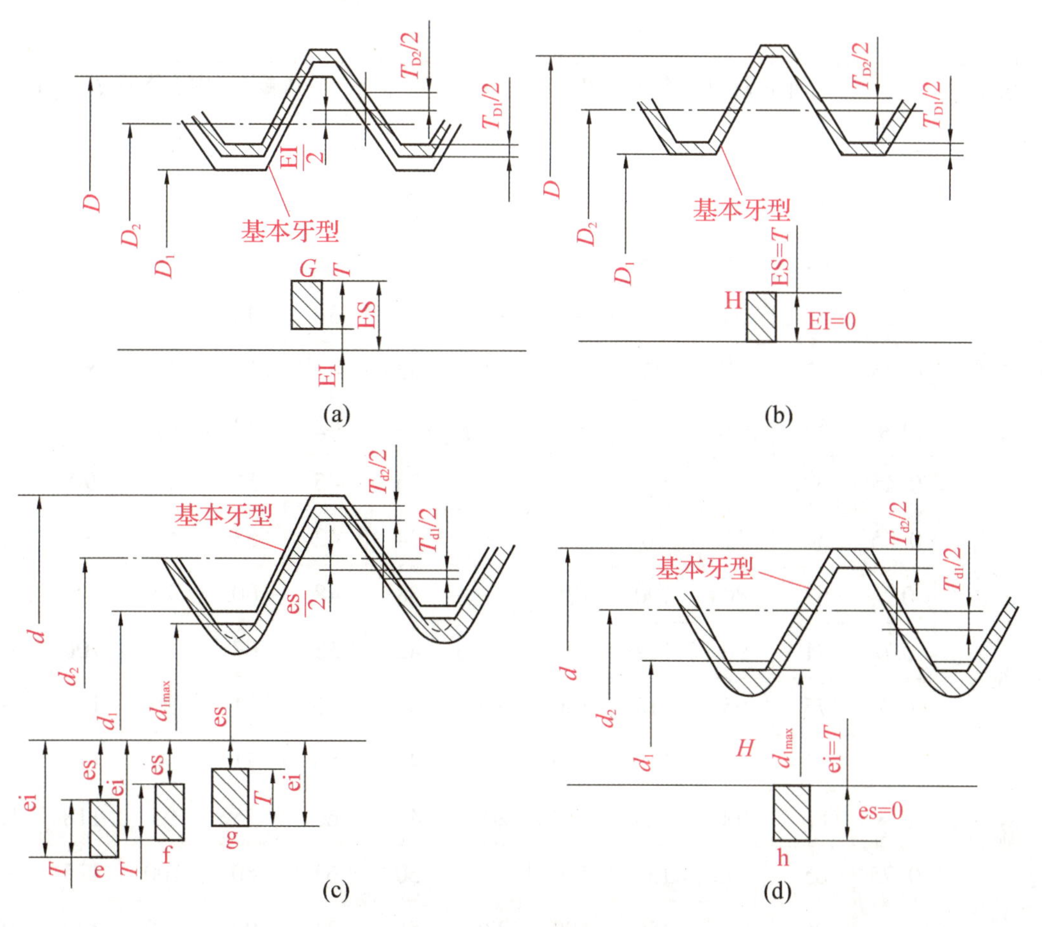

图 4-1-6　内、外螺纹的基本偏差

表 4-1-1　内、外螺纹的公差等级

螺纹直径		公差等级
内螺纹	中径 D_2	4、5、6、7、8
	小径 D_1	
外螺纹	中径 d_2	3、4、5、6、7、8、9
	大径 d	4、6、8

表 4-1-2　内、外螺纹中径公差（GB/T 197—2018）

基本大径 D/mm		螺距 P/mm	内螺纹中径公差 T_{D_2}/μm					外螺纹中径公差 T_{d_2}/μm						
			公差等级					公差等级						
>	≤		4	5	6	7	8	3	4	5	6	7	8	9
0.99	1.4	0.2	40	—	—	—	—	24	30	38	48	—	—	—
		0.25	45	56	—	—	—	26	34	42	53	—	—	—
		0.3	48	60	75	—	—	28	36	45	56	—	—	—

续表

基本大径 D/mm		螺距 P/mm	内螺纹中径公差 T_{D_2}/μm					外螺纹中径公差 T_{d_2}/μm						
			公差等级					公差等级						
>	≤		4	5	6	7	8	3	4	5	6	7	8	9
1.4	2.8	0.2	42	—	—	—	—	25	32	40	50	—	—	—
		0.25	48	60	—	—	—	28	36	45	56	—	—	—
		0.35	53	67	85	—	—	32	40	50	63	80	—	—
		0.4	56	71	90	—	—	34	42	53	67	85	—	—
		0.45	60	75	95	—	—	36	45	56	71	90	—	—
2.8	5.6	0.35	56	71	90	—	—	34	42	53	65	85	—	—
		0.5	63	80	100	125	—	38	48	60	75	95	—	—
		0.6	71	90	112	140	—	42	53	67	85	106	—	—
		0.7	75	95	118	150	—	45	56	71	90	112	—	—
		0.75	75	95	118	150	—	45	56	71	90	112	—	—
		0.8	80	100	125	160	200	48	60	75	95	118	150	190
5.6	11.2	0.75	85	106	132	170	—	50	63	80	100	125	—	—
		1	95	118	150	190	236	56	71	90	112	140	180	224
		1.25	100	125	160	200	250	60	75	95	118	150	190	236
		1.5	112	140	180	224	280	67	85	106	132	170	212	265
11.2	22.4	1	100	125	160	200	250	60	75	95	118	150	90	236
		1.25	112	140	180	224	280	67	85	106	132	170	212	265
		1.5	118	150	190	236	300	71	90	112	140	180	224	280
		1.75	125	160	200	250	315	75	95	118	150	190	236	300
		2	132	170	212	265	335	80	100	125	160	200	250	315
		2.5	140	180	224	280	355	85	106	132	170	212	265	335
22.4	45	1	106	132	170	212	—	63	80	100	125	160	200	250
		1.5	125	160	200	250	315	75	95	118	150	190	236	300
		2	140	180	224	280	355	85	106	132	170	21	265	335
		3	170	212	265	335	425	100	125	160	200	250	315	400
		3.5	180	224	280	355	450	106	132	170	212	265	335	425
		4	190	236	300	375	475	112	140	180	224	280	355	450
		4.5	200	250	315	400	500	118	150	190	236	300	375	475

续表

基本大径 D/mm		螺距 P/mm	内螺纹中径公差 T_{D_2}/μm					外螺纹中径公差 T_{d_2}/μm						
			公差等级					公差等级						
>	≤		4	5	6	7	8	3	4	5	6	7	8	9
45	90	1.5	132	170	212	265	335	80	100	125	160	200	250	315
		2	150	190	236	300	375	90	112	140	180	224	280	355
		3	180	224	280	355	450	106	132	170	212	265	335	425
		4	200	250	315	400	500	118	150	190	236	300	375	475
		5	21	265	335	425	530	125	160	200	250	315	400	500
		5.5	224	280	355	450	560	132	170	212	265	335	425	530
		6	236	300	375	475	600	140	180	224	280	355	450	560
90	180	2	160	200	250	315	400	95	118	150	190	236	300	375
		3	190	236	300	375	475	112	140	180	224	280	355	450
		4	212	265	335	425	530	125	160	200	250	315	400	500
		6	250	315	400	500	630	150	190	236	300	375	475	600
		8	280	355	450	560	710	170	212	265	335	425	530	670
180	355	3	21	265	335	425	530	125	160	200	250	315	400	500
		4	236	300	375	475	600	140	180	224	280	355	450	560
		6	265	335	426	530	670	160	200	250	315	400	500	630
		8	300	375	475	600	750	180	224	280	355	450	560	710

表 4-1-3　内螺纹小径、外螺纹大径公差（GB/T 197—2018）

螺距 P/mm	内螺纹小径公差 T_{D_1}/μm					外螺纹大径公差 T_d/μm		
	公差等级					公差等级		
	4	5	6	7	8	4	6	8
0.2	38	—	—	—		36	56	—
0.25	45	56	—	—		42	67	—
0.3	53	67	85	—		48	75	—
0.35	63	80	100	—		53	85	—
0.4	71	90	112	—		60	95	—
0.45	80	100	125	—		63	100	—
0.5	90	112	140	180	—	67	106	—
0.6	100	125	160	200	—	80	125	—

续表

螺距 P/mm	内螺纹小径公差 T_{D_1}/μm					外螺纹大径公差 T_d/μm		
	公差等级					公差等级		
	4	5	6	7	8	4	6	8
0.7	112	140	180	225	—	90	140	—
0.75	118	150	190	236	—	90	140	—
0.8	125	160	200	250	315	95	150	236
1	150	190	236	300	375	112	180	280
1.25	170	212	265	335	425	132	212	335
1.5	190	236	300	375	475	150	236	375
1.75	212	265	335	425	530	170	265	425
2	236	300	375	475	600	180	280	450
2.5	280	355	450	560	710	212	335	530
3	315	400	500	630	800	236	375	600
3.5	355	450	560	710	900	265	425	670
4	375	475	600	750	950	300	475	750
4.5	425	530	670	850	1060	315	500	800
5	450	560	710	900	1120	335	530	850
5.5	475	600	750	950	1180	355	560	900
6	500	630	800	1000	1250	375	600	950
8	630	800	1000	1250	1600	450	710	1180

五、螺纹公差带的选用

螺纹的公差等级和基本偏差相组合可以生成许多公差带，考虑到刀具和量具规格增多会造成经济和管理上的困难，同时有些公差带在实际使用中效果不好，国家标准对内、外螺纹公差带进行了筛选，选用公差带时可参考表4-1-4，除非特别需要，一般不选用表外的公差带。

表4-1-4　普通螺纹公差带的选用（GB/T 197—2018）

公差精度	内螺纹推荐公差带					
	公差带位置 G			公差带位置 H		
	S	N	L	S	N	L
精密	—	—	—	4H	5H	6H
中等	(5G)	6G	(7G)	5H	(6H)	7H
粗糙	—	(7G)	(8G)	—	7H	8H

续表

外螺纹推荐公差带												
公差精度	公差带位置 e			公差带位置 f			公差带位置 g			公差带位置 h		
	S	N	L	S	N	L	S	N	L	S	N	L
精密	—	—	—	—	—	—	—	(4g)	(5g4g)	(3h4h)	**4h**	(5h4h)
中等	—	**6e**	(7e6e)	—	**6f**	—	(5g6g)	**6g**	(7g6g)	(5h6h)	6h	(7h6h)
粗糙	—	(8e)	(9e8e)	—	—	—	—	8g	(9g8g)	—	—	—

注：公差带优先选用顺序为粗字体公差带、一般字体公差带、括号内公差带。带方框的粗字体公差带用于大量生产的紧固件螺纹。

任务练习

一、填空题

1. 紧固螺纹为普通螺纹，其牙型为三角形，主要用于______和______零件，分______和______。

2. 连接可靠性是指螺纹具有一定的连接强度，螺牙不得过早______和______。

3. 密封螺纹用于密封的螺纹连接，如管螺纹的连接，要求结合紧密、不漏水、不漏气、不漏油。这类螺纹结合的使用要求主要是具有良好的______和______。

4. 螺距与导程不同，导程是指同一条螺旋线在中径线上相邻两牙对应点之间的______，用 P_h 表示。

5. 螺纹的小径是指与外螺纹的牙底相切的假想圆柱的直径，内、外螺纹的小径分别用字母______、______表示。

二、选择题

1. 普通螺纹的牙型角为(　　)。

A. 60°　　B. 30°　　C. 45°　　D. 90°

2. 密封螺纹要良好的(　　)。

A. 紧固　　B. 传动性　　C. 密封性　　D. 连接性

3. 对螺纹互换性影响较大的是(　　)。

A. 螺纹的牙型半角　　B. 螺纹的中径误差　　C. 螺距误差　　D. 以上都是

三、简答题

1. 传动螺纹的主要使用要求是什么？

2. 螺距的定义是什么？

3. 影响螺纹互换性的主要因素有哪些？

任务拓展

阅读材料——常用的几种螺纹加工方法

螺纹加工指用成形刀具在工件上加工螺纹的方法，主要有车削、铣削、攻丝、套丝、磨削、研磨和旋风切削等。车削、铣削和磨削螺纹时，工件每转一转，机床的传动链保证车刀、铣刀或砂轮沿工件轴向准确而均匀地移动一个导程。在攻丝或套丝时，刀具（丝锥或板牙）与工件作相对旋转运动，并由先形成的螺纹沟槽引导着刀具（或工件）作轴向移动。

1. 螺纹车削

螺纹车削是在车床上用成形车刀或螺纹梳刀加工螺纹的方法，如图 4-1-7 所示。用成形车刀车削螺纹，由于刀具结构简单，因此是单件和小批生产螺纹工件的常用方法；用螺纹梳刀车削螺纹，生产效率高，但刀具结构复杂，只适于中、大批量生产中车削细牙的短螺纹工件。普通车床车削梯形螺纹的螺距精度一般只能达到 8~9 级（JB/T 2886—2008《机床梯形丝杠、螺母技术条件》，下同）；在专门化的螺纹车床上加工螺纹，生产率或精度可显著提高。

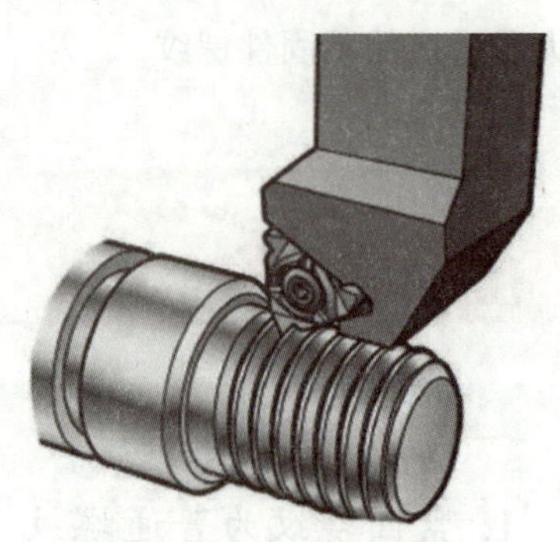

图 4-1-7　螺纹车削

2. 螺纹铣削

螺纹铣削是在螺纹铣床上用盘形铣刀或梳形铣刀加工螺纹的方法，如图 4-1-8 所示。盘形铣刀主要用于铣削丝杆、蜗杆等工件上的梯形外螺纹。梳形铣刀用于铣削内、外普通螺纹和锥螺纹。用多刃铣刀铣削，因其工作部分的长度大于被加工螺纹的长度，故工件只需要旋转 1.25~ 1.5 转就可加工完成，生产率很高。螺纹铣削的螺距精度一般能达 8~9 级。这种方法适用于成批生产一般精度的螺纹工件或磨削前的粗加工。

图 4-1-8　螺纹铣削

3. 攻螺纹和套螺纹

攻螺纹是用一定的扭矩将丝锥［见图 4-1-9（a）］旋入工件上预钻的底孔中加工内螺纹。套螺纹是用板牙［见图 4-1-9（b）］在棒料（或管料）工件上切出外螺纹。攻螺纹或套螺纹的加工精度取决于丝锥或板牙的精度。加工内、外螺纹的方法虽然

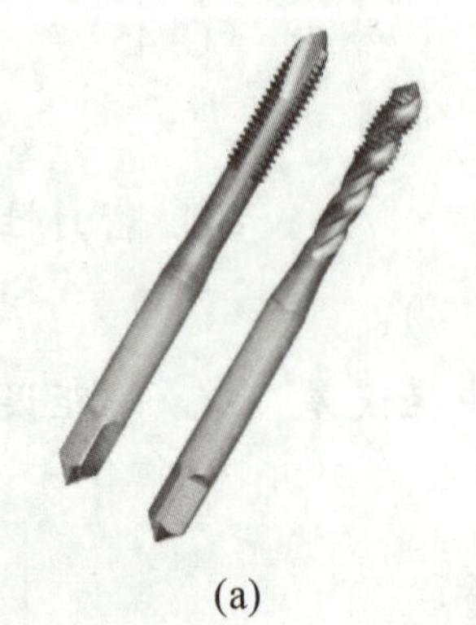

(a)

(b)

图 4-1-9　丝锥和板牙

（a）丝锥；（b）板牙

很多，但小直径的内螺纹多依靠丝锥加工。攻螺纹和套螺纹可用手工操作，也可用车床、钻床、攻螺纹机和套螺纹机等操作。

4. 螺纹滚压

螺纹滚压是用成形滚压模具使工件产生塑性变形以获得螺纹的加工方法，如图 4-1-10 所示。螺纹滚压一般在滚螺纹机、搓螺纹机或在附装自动开合螺纹滚压头的自动车床上进行，适用于大批量生产标准紧固件和其他螺纹联接件的外螺纹。

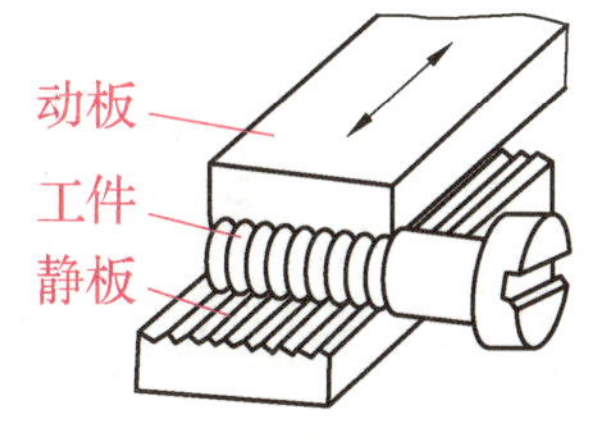

图 4-1-10 螺纹滚压

滚压螺纹的外径一般不超过 25 mm，长度不大于 100 mm，螺纹精度可达 2 级，所有坯件的直径大致与被加工螺纹的中径相等。滚压一般不能加工内螺纹，但对材质较软的工件可用无槽挤压丝锥冷挤内螺纹（最大直径可达 30 mm)，工作原理与攻螺纹类似。冷挤内螺纹时所需扭矩约比攻螺纹大 1 倍，加工精度和表面质量比攻螺纹略高。

任务二 测量普通螺纹

螺纹检测是采用测量工具和仪器对螺纹的各项尺寸进行测量，并与图纸标注的尺寸进行比对，以判断所检测的螺纹是否合格的过程。螺纹检测是机械加工从业人员和质量检测人员必备的技能。

任务目标

(1) 了解螺纹常用测量工具和仪器的结构、工作原理和适用范围。
(2) 会正确、规范地使用螺纹量规测量螺纹。
(3) 会使用螺纹常用量具测量外螺纹中径。
(4) 掌握零件合格性的评定方法。

任务描述

图 4-2-1 为普通螺纹轴零件图，测量图中零件的螺纹部分，按照要求完成相关尺寸的测量，对螺纹的合格性进行判断。通过对本任务的学习，学生应掌握普通螺纹检测的主要内容，了解螺纹常用测量工具和仪器的结构、工作原理和适用范围，能够选用不同的测量工具对螺纹进行检测、对检测的内容是否合格进行评定，培养爱护工具、珍惜工具的职业习惯。

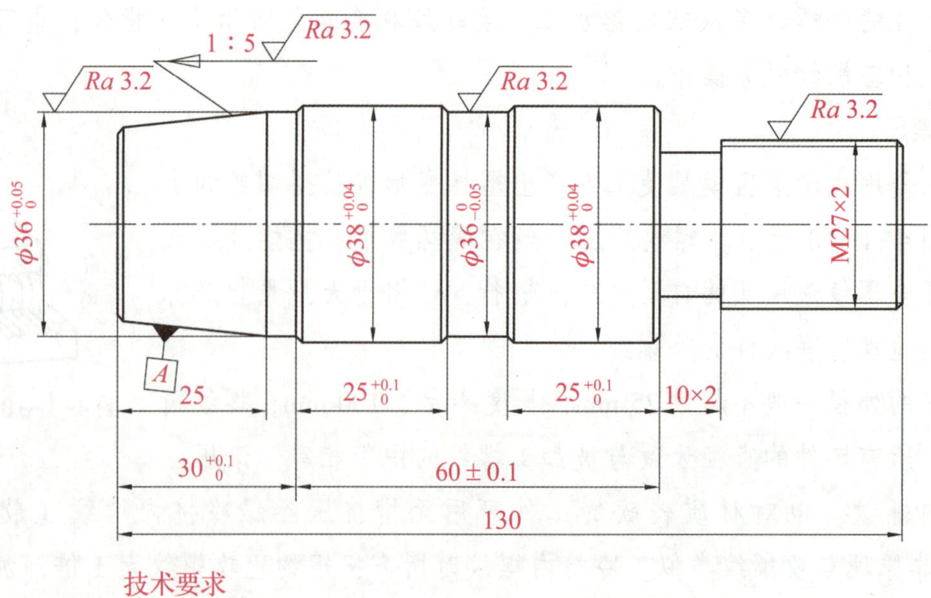

图 4-2-1 普通螺纹轴零件图

一、普通螺纹的综合测量

综合测量是一次同时测量螺纹的几个参数的测量方法，在成批生产中通常采用螺纹量规和光滑极限量规联合检验螺纹是否合格。

螺纹量规分为工作量规、验收量规和校对量规 3 种。

1. 工作量规

生产中，加工者使用的量规称为工作量规。它包括测量内螺纹的螺纹塞规和光滑塞规，以及测量外螺纹的螺纹环规和光滑卡规。光滑塞规和光滑卡规用来检验内、外螺纹的顶径尺寸。螺纹塞规和螺纹环规与光滑塞规和光滑卡规一样都有通端和止端。

1）螺纹塞规

螺纹塞规如图 4-2-2 所示，可分为以下两种。

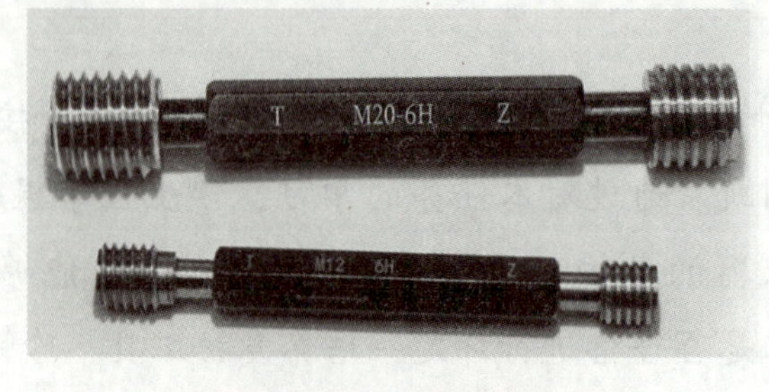

图 4-2-2 螺纹塞规

（1）通端工作塞规（T）。通端工作塞规用来检验内螺纹作用中径和螺母大径的最小极限尺寸，采用完整牙型以及与标准的旋合长度（8个牙）相当的螺纹长度，合格的内螺纹应被通端工作塞规顺利旋入。这样，就保证了内螺纹的作用中径和大径大于它的最小极限尺寸，即 $D_{2作用}>D_{2\min}$。

（2）止端工作塞规（Z）。止端工作塞规只用来控制内螺纹实际中径一个参数。为了减少牙型半角和螺距累积误差的影响，止端牙型应做成截断的不完整牙型（减少牙型半角误差的影响）即缩短旋合长度到2~2.5牙（减少螺距累积误差的影响）。合格的内螺纹不应通过止端工作塞规，但允许旋入一部分，这些没有完全旋入止端工作塞规的内螺纹，说明它的单一中径小于中径的最大极限尺寸，即 $D_{2单一}<D_{2\max}$。

用螺纹塞规检验内螺纹的示意图如图4-2-3所示。

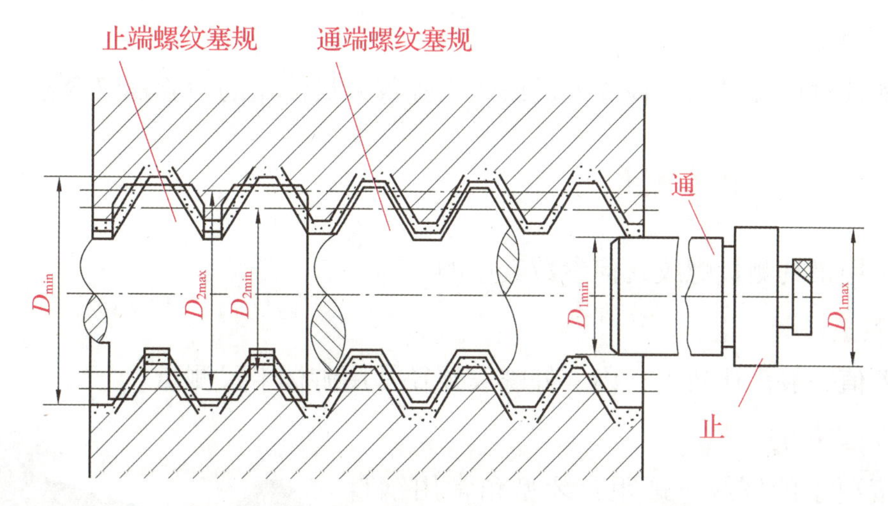

图4-2-3　用螺纹塞规检验内螺纹的示意图

2）螺纹环规

螺纹环规如图4-2-4所示，可分为以下两种。

（1）通端工作环规（T）。通端工作环规用来控制外螺纹的作用中径及小径最大极限尺寸。因此，通端应有完整的牙型和标准的旋合长度。合格的外螺纹应被通端工作环规顺利旋入，这样就保证了外螺纹的作用中径和小径小于它的最大极限尺寸。

图4-2-4　螺纹环规

（2）止端工作环规（Z）。止端工作环规用来控制外螺纹的单一中径的最小极限尺寸。和止端工作塞规同理，止端工作环规的牙型应截短，旋合长度应缩短。合格的外螺纹不应通过止端工作环规，但允许旋入一部分，这些没有完全被旋入的外螺纹，说明它的单一中径大于中径的最小极限尺寸，即 $d_{2单一}>d_{2\max}$

用螺纹环规检验外螺纹的示意图如图4-2-5所示。

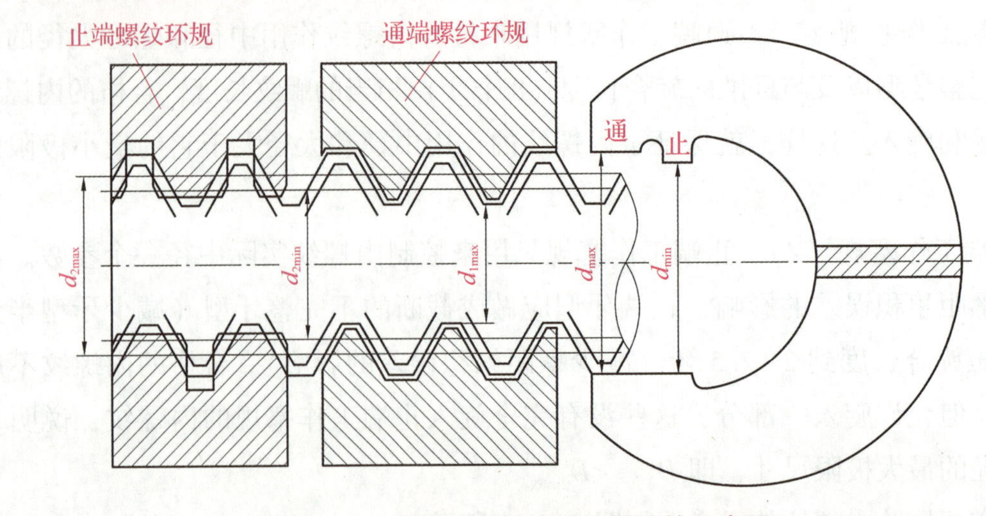

图 4-2-5　用螺纹环规检验外螺纹的示意图

2. 验收量规和校对量规

验收量规和校对量规是工厂检验人员或用户验收人员使用的检验螺纹合格性的量规。

二、普通螺纹的单项测量

单项测量是用量具测量螺纹几何参数其中的一项。

1. 顶径的测量

顶径的公差值一般都比较大，内、外螺纹顶径常用游标卡尺测量。

2. 螺距及牙型角的测量

对一般精度要求的螺纹，螺距及牙型角常用钢直尺和螺纹样板（螺距规）进行测量，如图 4-2-6 所示。

图 4-2-6　螺纹样板

螺纹样板的使用方法及注意事项如下。

（1）测量螺纹螺距时，将螺纹样板组中齿形钢片作为样板，卡在被测螺纹工件上，如果不密合，就另换一片，直到密合为止，这时该螺纹样板上标记的尺寸即为被测螺纹工件的螺距。注意：把螺纹样板卡在螺纹牙廓上时，应尽可能利用螺纹工作部分长度，以使测量结果较为正确。

（2）测量牙型角时，把螺距与被测螺纹工件相同的螺纹样板放在被测螺纹上面，然后检查接触情况。如果没有间隙透光，则说明被测螺纹的牙型角是准确的；如果有不均匀间隙透光现象，则说明被测螺纹的牙型不准确。但是，这种测量方法是很粗略的，只能判断牙型角误差的大概情况，不能确定牙型角误差的数值。

3. 中径的测量

1）螺纹中径千分尺测量螺纹中径

（1）螺纹中径千分尺的结构。

螺纹中径千分尺属于专用的螺旋测微量具，只能用于测量螺纹中径，其结构如图 4-2-7

所示。螺纹中径千分尺具有特殊的测头，测头的形状做成与螺纹牙型相吻合的形状，即一个是 V 形测量头，与牙型凸起部分相吻合；另一个为圆锥形测量头，与牙型沟槽相吻合。螺纹千分尺有一套可换测头，每一对测头只能用来测量一定螺距范围的螺纹，适用于低精度要求的螺纹工件测量。

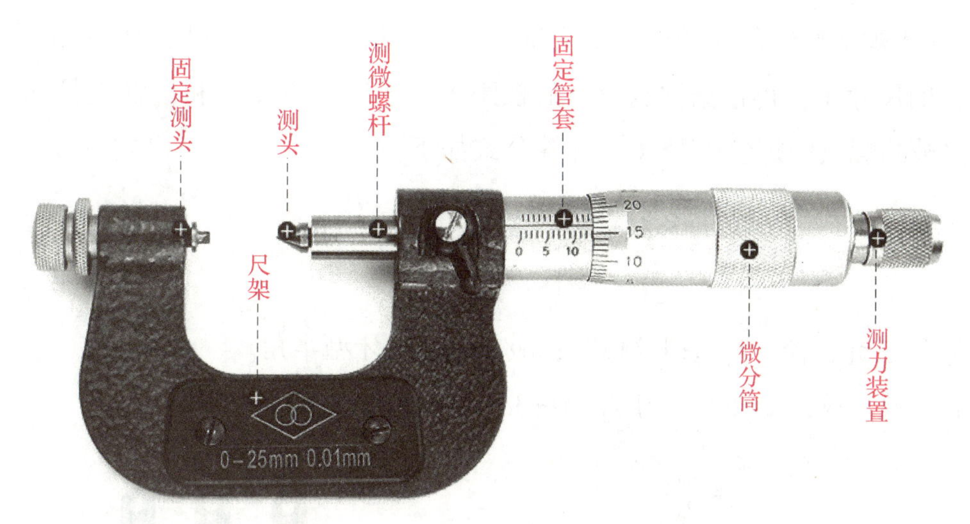

图 4-2-7　螺纹中径千分尺的结构

（2）螺纹中径千分尺的使用方法。

① 测量前，应按被测螺纹的螺距、中径、牙型角，选择螺纹千分尺和相应规格的测头，如图 4-2-8 所示。

② 测头和测头孔要擦干净。

③ 测头装好后，要调整零位。调零偏差应不大于±0.005 mm。

④ 测量时，要使测头中心线和螺纹中心线位于同一平面内，应使 V 形测头、锥形测头同时与螺纹牙侧接触好（无缝隙），螺纹千分尺的两测头不能错位，两测头卡入螺纹牙槽的位置要正确，如图 4-2-9 所示。

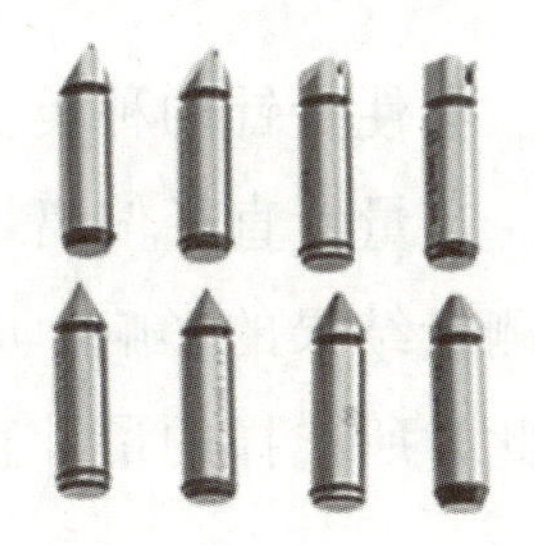

图 4-2-8　螺纹中径千分尺测头

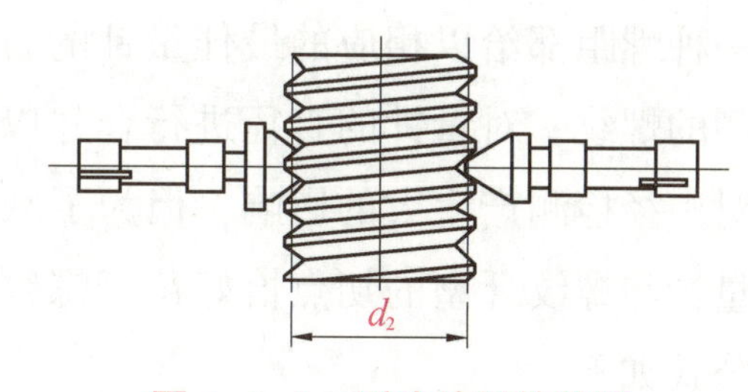

图 4-2-9　测头放置的位置

⑤ 测量时测力大小要适当。用螺纹千分尺测量时两个测头的测量面与被测螺纹的牙型面接触好后，旋转螺纹千分尺的测力装置，并轻轻晃动螺纹千分尺，当螺纹千分尺的测力装置发出“咔咔”声后，即可读数。

⑥ 使用一般 V 形测头和锥形测头时，测得值为螺纹作用中径；使用短 V 形测头和锥形测头时，测得值为螺纹实际中径。本项目采用的测头是短 V 形测头和锥形测头。

注意：每更换一次测头之后，必须重新校准千分尺零位。

2）三针测量法测量螺纹中径

（1）测量原理。

三针测量法是一种比较常用且比较准确的测量外螺纹中径的方法，其原理图如图 4-2-10 所示。这是一种间接测量螺纹中径的方法，测量时，将三根直径相同、精度很高的量针（见图 4-2-11）放入被测螺纹的牙槽中，用测量外尺寸的量具（如千分尺、机械比较仪、测长仪等）测量出辅助尺寸 M，再根据被测螺纹的螺距 P、牙型半角 $\alpha/2$ 和量针直径 d_0 之间的几何关系，换算出被测螺纹的螺纹中径 d_2。计算公式如下：

$$d_2 = M - d_0\left(1 + \frac{1}{\sin\frac{\alpha}{2}}\right) + \frac{P}{2}\cot\frac{\alpha}{2}$$

式中：d_0 为测量三针直径；P 为螺纹螺距；$\alpha/2$ 为螺纹牙型半角。

对于公制普通螺纹，$\alpha=60°$，则 $d_2=M-3d_0+0.866P$。

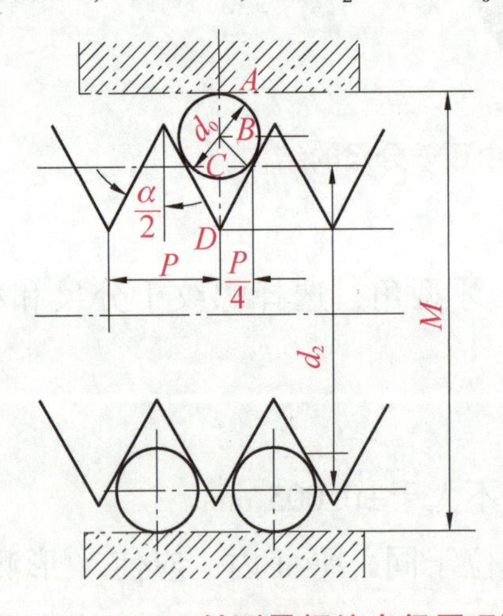

图 4-2-10　三针测量螺纹中径原理图

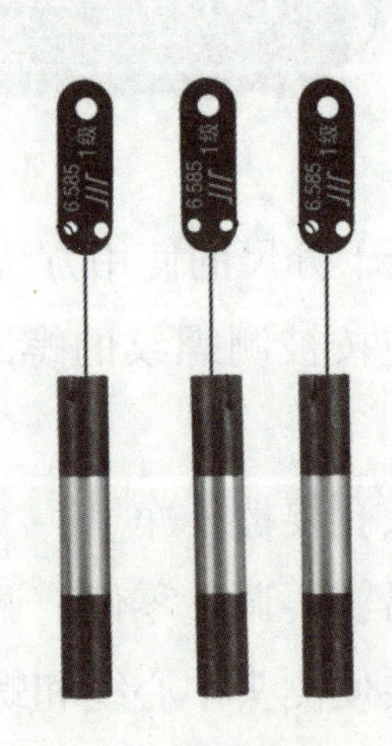

图 4-2-11　测量三针

（2）计算最佳的测量三针直径。

如果对每一种螺距都给以相应的最佳量针的直径，这样。会使量针的种类变得很多，为了适应各种类型的螺纹，对量针的直径进行合并以减少规格。当量针直径偏离最佳量针直径很小时，不会对中径检测产生大的影响，但为了减少误差对测量结果的影响，应选择合适的量针直径，该量针与螺纹牙型的切点恰好位于螺纹中径处，此时所选择的量针直径为最佳量针直径。计算公式如下：

$$d_{0最佳} = \frac{P}{2}\cos\frac{\alpha}{2}$$

在实际工作中，应选用最佳值，如果没有所需的最佳量针直径，可选择与最佳量针直径相近的测量三针。

（3）测量步骤。

① 根据被测螺纹的中径，正确选择最佳量针。

② 在尺座上安装好千分尺和测量三针，并校正仪器零位。

③ 将测量三针放入螺纹牙槽中，按图 4-2-10 所示原理进行测量，读出 M 值。

④ 在同一截面相互垂直的两个方向上，测出尺寸 M，取其平均值。

⑤ 计算螺纹单一中径（$d_2=M-3d_0+0.866P$），并判断合格性。

任务练习

一、填空题

1. 螺纹中径千分尺属于专用的螺旋测微量具，只能用于测量________。

2. 螺纹顶径一般采用________测量。

3. 对一般精度要求的螺纹，螺距常采用________和________进行测量。

4. 螺纹环规中的通端工作环规用来控制外螺纹的作用中径及小径________极限尺寸。

二、选择题

1. 可以粗略测量螺纹牙型角的是(　　)。

A. 螺纹样板　　B. 螺纹塞规　　C. 螺纹环规　　D. 螺纹中径千分尺

2. 螺纹塞规中通端工作塞规用来检验内螺纹作用中径和螺母大径的(　　)极限尺寸。

A. 最大　　B. 中间　　C. 最小　　D. 以上都不是

3. 三针测量法是一种比较常用且比较准确的测量外螺纹(　　)的方法。

A. 大径　　B. 中径　　C. 小径　　D. 螺距

三、简答题

1. 简述三针测量法中测量三针的选用原则。

2. 简述三针测量法测量螺纹中径的步骤。

任务拓展

阅读材料——螺纹测量仪

螺纹测量仪通过高精度气浮轴承系统驱动测针与被测螺纹接触，采用进口高精度光栅测量系统记录接触过程中水平和垂直方向的坐标变化记录，由计算机将二维记录数据进行合成，按螺纹参数的相关定义进行分析，计算获得螺纹的各种参数。

1. 结构原理

螺纹测量仪的组成包括光栅传感器、气浮轴承系统、测控箱、检定夹具、检定软件、工业计算机和打印机。

螺纹测量仪采用计量光栅尺作为长度标准，采用工业计算机进行控制。计算机在用户单击“开始检定”后，会根据用户选择被测螺纹的标准和输入被测螺纹的参数值、检测量程等信息，向控制箱的微处理器发出相应控制指令；测控箱收到指令后，自动控制微型直流电动机精确驱动测针与被测螺纹接触，由光栅测量系统记录接触过程中水平和垂直方向的坐标变化记录，形成检定记录和结论，保存到数据库并供客户进行报告打印。

2. 测量方法的对比

各种测量方法的对比如表4-2-1所示。

表4-2-1 各种测量方法的对比

测量方法	使用设备	优点	缺点
综合测量法（量规测量法）	螺纹量规	效率高、便于批量检测	只能针对单一公差尺寸测量、无法提供测量的精确数据、人为影响大
螺纹的单项测量（量针法）	测长机、千分尺	三针测量外螺纹中径，精度可达4~8 μm	只能测量单一参数
影像法	万能工具显微镜	单次测量可测出多个参数	只能测量外螺纹，且对螺纹表面质量要求高
激光三角测量法	激光干涉仪	单次测量可测出多个参数	受螺纹表面质量、牙型角、外界环境等因素的影响，且测量仪成本较高
三坐标测量仪测量法	三坐标测量仪	单次测量可测出多个参数	测量头结构偏大，对小螺纹和内螺纹的测量有局限性，且测量仪成本较高
接触扫描式测量法	螺纹测量仪	单次测量可测出多个参数，测量精度高、速度快、范围广，可测量小螺纹和内螺纹，是最好的螺纹测量方法	—

任务三 测量梯形螺纹

机床丝杠、螺母是传递精确位移的传动零件，由于梯形螺纹的传动精度高、效率高、加工方便，因此机床丝杠、螺母广泛采用梯形螺纹。

任务目标

(1) 了解用三针测量梯形螺纹中径的方法与测量步骤。

（2）学会使用三针测量梯形螺纹中径，并能正确判断工件的合格性。

任务描述

图 4-3-1 为梯形螺纹轴零件图，测量图中零件的梯形螺纹部分，按照要求完成相关尺寸的测量。通过对本任务的学习，学生应掌握梯形螺纹检测的主要内容，了解螺纹常用测量工具的结构、工作原理和适用范围，能够选用不同的测量工具对螺纹进行检测、对检测的内容是否合格进行评定，养成严格按照标准执行的工作态度。

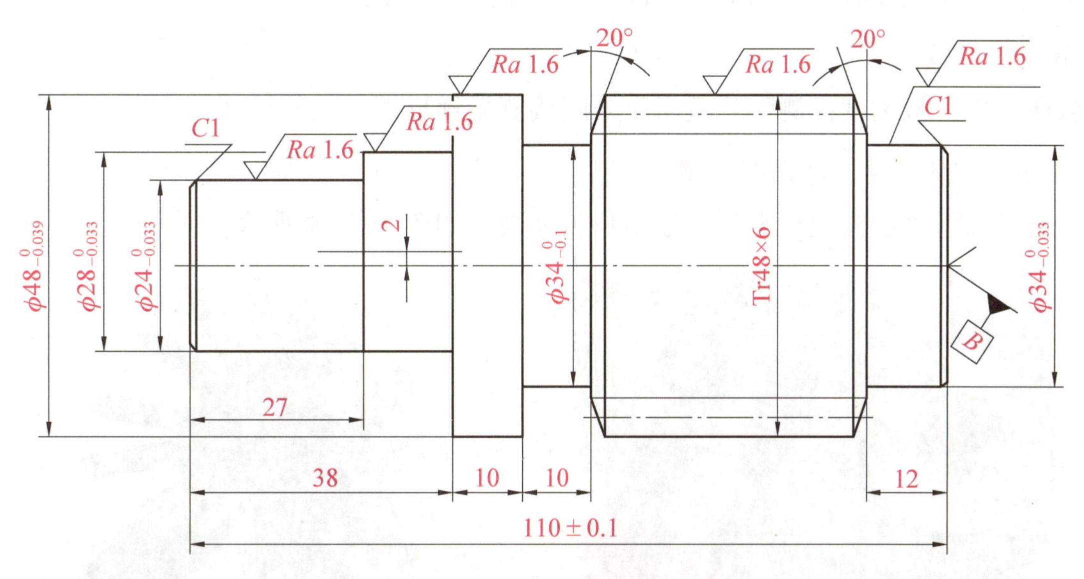

图 4-3-1　梯形螺纹轴零件图

知识链接

梯形螺纹的标记由螺纹代号、公差代号及旋合长度代号组成，彼此间用“—”隔开。根据国标规定，梯形螺纹代号由种类代号 Tr 和螺纹“公称直径×导程”表示，由于标准对内螺纹小径和外螺纹大径只规定了一种公差带（4H、4h），因此规定外螺纹小径的公差为 h，其基础偏差为 0。公差等级与中径公差等级数相同，而对内螺纹大径，标准只规定下偏差（即基础偏差）为 0，而对上偏差不作规定，因此梯形螺纹仅标记中径公差带，并代表梯形螺纹公差（由表示公差带等级的数字及表现公差带地位的字母组成）。螺纹的旋合长度分为 3 组，分别称为短旋合长度（S）、中旋合长度（N）和长旋合长度（L）。在一般情形下，中旋合长度用得较多，可以不标注。梯形螺纹副的公差代号分别注出内、外螺纹的公差带代号，前面是内螺纹公差带代号，后面是外螺纹公差带代号，中间用斜线隔开。

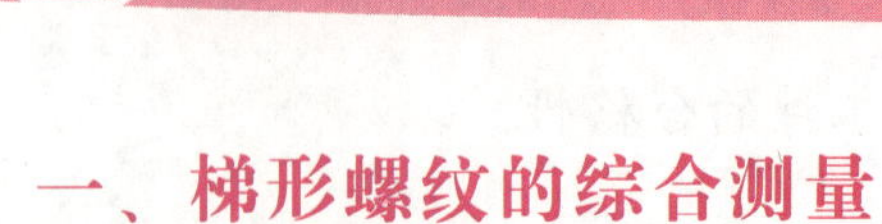

一、梯形螺纹的综合测量

梯形螺纹和普通螺纹一样，可以一次同时测量几个参数，在成批生产中通常采用螺纹量规检验螺纹是否合格。梯形螺纹环规、塞规如图 4-3-2 所示。

二、梯形螺纹的单项测量

1. 大径的测量

测量梯形螺纹大径时，一般可用游标卡尺、千分尺等量具。

2. 底径尺寸的测量

一般通过中滑板刻度盘测量牙型高度来间接测量梯形螺纹底径尺寸。

3. 梯形螺纹牙型角、牙高的测量

可以通过梯形螺纹样板规来测量牙型角、牙高，如图 4-3-3 所示。

图 4-3-2 梯形螺纹环规、塞规

图 4-3-3 梯形螺纹样板规

4. 中径尺寸的测量

测量梯形螺纹中径尺寸，一般采用三针测量法或单针测量法测量，方法与三角螺纹的测量方法基本相同。

1）三针测量法

三针测量法的精度比目前常用的其他方法的测量精度要高，而且在生产条件下，应用也较方便。梯形螺纹的三针测量法与前面学习的普通螺纹三针测量法所采用的方法一样。

对于梯形螺纹，$\alpha=15°$，则计算公式如下：

$$d_2=M-4.864d_D+1.866P$$

2）单针测量法

单针测量法只需要使用一根符合要求的量针，将其放置在螺旋槽中，用千分尺量出以外螺纹顶径为基准到量针顶点之间的距离 A，在测量前应先量出螺纹顶径实际尺寸 d_0，其原理与三针测量相同，测量方法比较简单，如图 4-3-4 所示。计算公式如下：

$$A=\frac{M+d_0}{2}$$

式中：A——单针测量值，mm；

d_0——螺纹顶径的实际尺寸，mm；

M——三针测量时，量针测量距的计算值，mm。

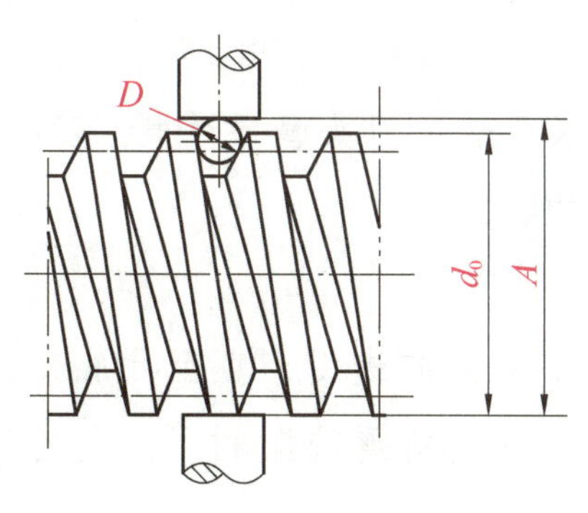

图 4-3-4 单针测量法

任务练习

一、填空题

1. 螺纹的旋合长度分为 3 组，分别称为________、________和________。
2. 测量梯形螺纹大径时，一般可用________、________等量具。
3. 梯形螺纹中径尺寸，一般采用________或________测量。

二、选择题

1. 梯形螺纹的牙型角是(　　)。

A. 60°　　B. 30°　　C. 45°　　D. 90°

2. 螺纹的长等旋合长度用字母(　　)表示。

A. S　　B. N　　C. M　　D. L

3. 一般由(　　)刻度盘测量牙型高度，而间接测量底径尺寸。

A. 大滑板　　B. 中滑板　　C. 小滑板　　D. 以上都不是

三、简答题

什么是单针测量法？

任务拓展

阅读材料——梯形螺纹的加工

梯形螺纹与车削三角螺纹相比，螺距大、牙型角大、切削余量大、切削抗力大，而且精度要求高，加之工件一般都比较长，所以加工难度较大。车削梯形螺纹的方法及车刀的选择如下。

1. 车削方法

1）直进法

螺距小于4 mm和精度要求不高的工件，可用一把梯形螺纹车刀，即每一刀都在X向进给，直至牙底处。采用此方法加工梯形螺纹时，螺纹车刀的3个切削刃都要参与切削，导致加工排屑困难，切削力和切削热增长迅速，刀头磨损严重，容易产生“扎刀”和“崩刃”现象，因此这种方法不合适大螺距螺纹的加工。

2）斜进法

螺纹车刀沿牙型一侧平行的方向斜向进刀，直至牙底处，用此方法加工梯形螺纹时，车刀始终只有一个侧刃参与切削，从而使排屑较顺利，刀尖的受热和受力情形有所改善，不易产生“扎刀”等现象。

3）左右切削法

用梯形螺纹车刀采用左右车削法车削梯形螺纹两侧面，每边留0.1~0.2 mm的精车余量，并车准螺纹小径尺寸，螺纹车刀分别沿左、右牙型一侧的方向交叉进刀，直至牙底。这种方法与斜进法较类似，但螺纹车刀的两刃都参与切削。

2. 车刀的选择

车削螺纹时径向切削力较大，为保证螺纹精度，可分别采用粗车刀和精车刀对工件进行粗、精加工。

1）高速钢梯形螺纹车刀

高速钢梯形螺纹车刀的切削刃锋利，韧性较好，刀尖不易崩裂，能车削出精度较高和表面粗糙度较小的螺纹，常用于加工塑性材料、大螺距螺纹和精密丝杠等工件，但生产效率较低。

2）高速钢梯形螺纹粗车刀

高速钢梯形螺纹粗车刀具有较大的背前角，便于排屑；刀具两侧后角小，有一定的刚性，适用于粗车丝杠及螺距不大的梯形螺纹。为了便于左右切削并留有精车余量，其刀头宽度应小于槽底宽W，两刃夹角应小于牙型角。

3）高速钢梯形螺纹精车刀

高速钢梯形螺纹精车刀几何形状及特点：车刀前面沿两侧切削刃磨有半径为2~3mm的分屑槽，并磨有较大的前角，以使切屑排出顺利。车刀纵向前角$\gamma_p=0°$，两侧切削刃之间的夹角等于牙型角。为了保证两侧切削刃切削顺利，都磨有较大前角（$\gamma_o=10°\sim20°$）的卷屑槽。但在使用时必须注意，车刀前端切削刃不能参与切削。

4）硬质合金螺纹车刀

硬质合金螺纹车刀的硬度高、耐磨性好、耐高温、热稳定性好，但抗冲击能力差，适用于高速车削。

项目五

齿轮的测量

知识树

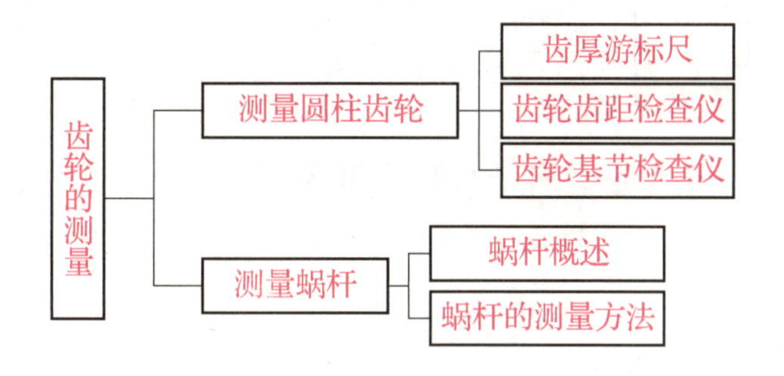

任务一 测量圆柱齿轮

圆柱齿轮是机械齿轮中最重要、最普遍的一种齿轮样式，应用非常广泛。齿轮检测是确保齿轮成品性能和质量的关键环节，是齿轮成品验收的重要依据，是齿轮在加工制造过程中质量控制的技术保证。

任务目标

(1) 熟悉圆柱齿轮常用量具和量仪（如齿厚游标尺、齿轮齿距检查仪、齿轮基节检查仪等）的结构及工作原理，了解其适用范围，掌握其使用方法与测量步骤。

(2) 学会正确使用齿轮齿距检查仪测量齿距偏差和齿距累积误差。

(3) 掌握齿轮分度圆弦齿高和弦齿厚公称值的计算方法，并熟悉齿厚的测量方法。

任务描述

图 5-1-1 为齿轮零件图，根据图纸的尺寸测量齿轮的相关尺寸。通过对本任务的学习，学生应能够选用合适的圆柱齿轮测量器具，正确规范地测量直齿圆柱齿轮的相关参数，严格

按照公差要求进行衡量，判定圆柱齿轮是否合格。

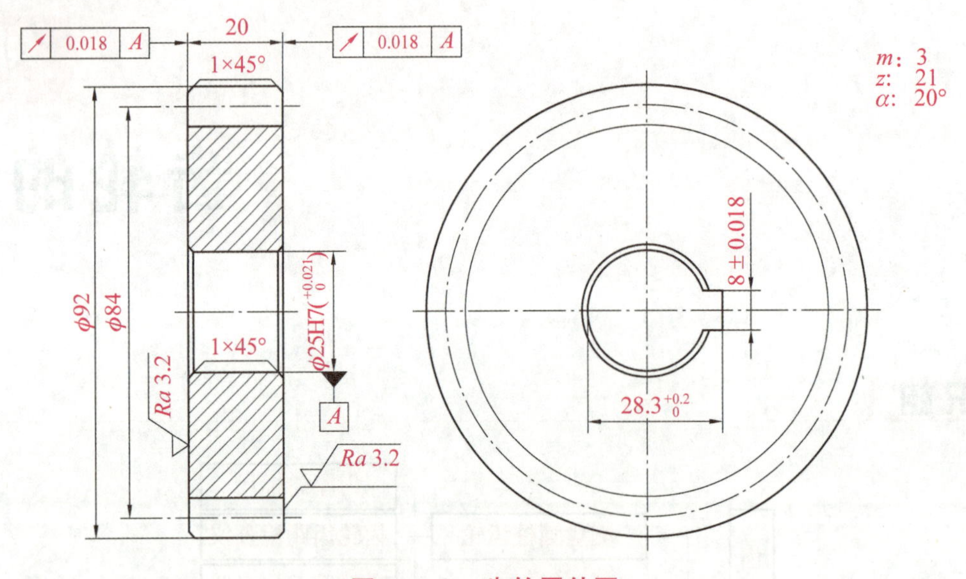

图 5-1-1 齿轮零件图

知识链接

一、齿厚游标尺

1. 结构

测量齿厚偏差的齿厚游标尺如图 5-1-2 所示，它相当于由两把卡尺相互垂直连接而成，分别称作齿高尺和齿厚尺，二者的游标分度值相同。目前，常用的齿厚游标尺的游标分度值为 0.02 mm，其原理和读数方法与普通游标卡尺相同。齿厚游标尺的测量模数范围为 1~16 mm、1~25 mm、5~32 mm 和 10~50 mm 等 4 种。

2. 测量原理

齿高尺用于控制测量部位（分度圆至齿顶圆）的弦齿高 h_f，齿厚尺用于测量所测部位（分度圆）的弦齿厚 $s_{f实际}$。其测量原理示意图如图 5-1-3 所示。

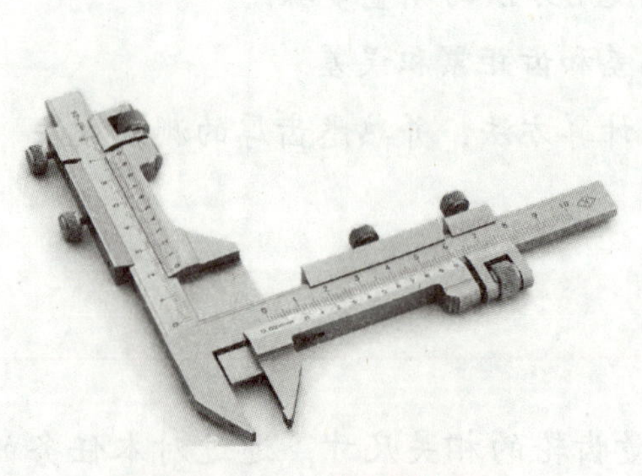

图 5-1-2 齿厚游标尺

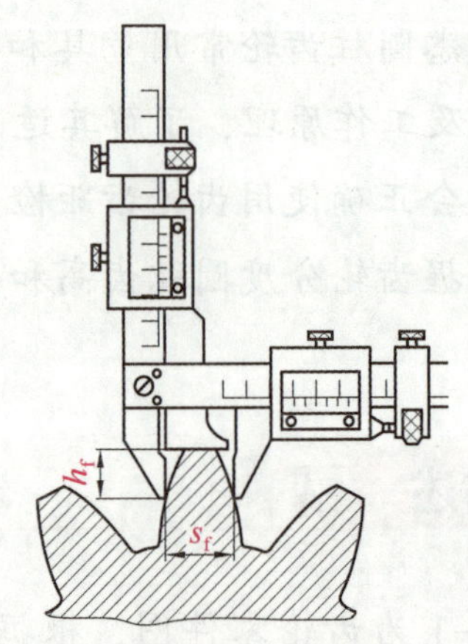

图 5-1-3 齿厚游标尺测量原理示意图

用齿厚游标尺测量齿厚偏差，是以齿顶圆为基准的。当齿顶圆直径为公称值时，直齿圆柱齿轮分度圆处的弦齿高 h_f 和弦齿厚 s_f 可按下式计算：

$$h_f = h' + x = m + \frac{zm}{2}\left(1 - \cos\frac{90°}{z}\right)$$

$$s_f = zm\sin\frac{90°}{z}$$

式中：m——齿轮模数（mm）；

z——齿轮齿数。

当齿顶圆直径有误差时，测量结果会受齿顶圆偏差的影响，为了消除该影响，调整齿高尺时，应在公称弦齿高 h_f 中加上齿顶圆半径的实际偏差 ΔR。

$$\Delta R = (d_{a实际} - d_a)/2$$

垂直游标尺应按下式调整：

$$h_f = h' + x + \Delta R = m + \frac{zm}{2}\left(1 - \cos\frac{90°}{z}\right) + (d_{a实际} - d_a)/2$$

二、齿轮齿距检查仪

1. 结构

齿轮齿距检查仪是测量齿轮齿距偏差和齿距累积误差的常用量具，如图 5-1-4 所示。其测量方法是相对测量法，测量定位基准是齿顶圆，测量模数范围为 2～16 mm，仪器指示表的分度值是 0.001 mm。

2. 测量原理

齿轮齿距检查仪测量原理示意图如图 5-1-5 所示，测量时以被测齿轮的齿顶圆定位。

图 5-1-4　齿轮齿距检查仪

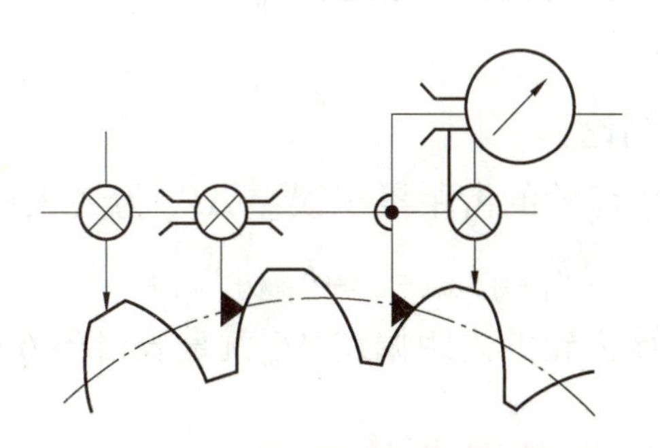

图 5-1-5　齿轮齿距检查仪测量原理示意图

测量齿距偏差的步骤如下。

（1）调整固定量爪工作位置。按被测齿轮模数的大小移动固定量爪，使其上的刻线与仪器上相应模数刻线对齐，并用锁紧螺钉固定。

（2）调整定位杆的工作位置。调整定位杆，使其与齿顶圆接触，并使测头位于分度圆（或齿高中部）附近，然后固定各定位杆。调节端面定位杆，使其与齿轮端面相接触，用锁紧螺钉固定。

（3）测量。

①以被测齿轮上任意一个齿距作为基准齿距进行测量，观察千分表的示值，然后将仪器测头稍微移开齿轮，再使它们重新接触。经数次反复测量，待示值稳定后，调整千分表指针使其对准零位。

②逐齿测量各齿距的相对偏差。

（4）数据处理。计算方法采用列表法，将测量及计算后的数据填入表 5-1-1 中。

表 5-1-1　数据记录表

序号	相对齿距偏差 $\Delta f_{pt相对}$	相对齿距累积偏差 $\Delta F_{p相对}$	序号与平均偏差的乘积 $n\Delta$	绝对齿距累积偏差 $\Delta F_{p绝对}$	各齿绝对齿距偏差 $(\Delta f_{pt})_n$

填表说明：

① 第 1 列中的序号即为齿数号。

② 仪器测得的 $\Delta f_{pt相对}$ 填入第 2 列。

③ 根据测得值算出各齿相对齿距累积误差 $\sum \Delta f_{pt相对}$，填入第 3 列。

④ 计算基准齿距的偏差 $\Delta = \sum \Delta f_{pt}/z$。然后分别计算序号与 Δ 的乘积填入第 4 列。

⑤ 计算各齿的绝对齿距累积偏差 $\Delta F_{p绝对}$，即表中第 3 列减第 4 列，即 $\Delta F_{p绝对} = \sum \Delta f_{pt相对} - \Delta$，计算结果填入第 5 列。

⑥ 计算各齿齿距偏差 Δf_{pt}，即表中第 2 列减去 Δ 值，$(\Delta f_{pt})_n = \Delta f_{pt相对} - \Delta$，结果填入第 6 列。

⑦ 结论：

a. 该齿轮的齿距累积误差 ΔF_p 为最大的绝对齿距累积偏差减最小的绝对齿距累积偏差，即 $\Delta F_p = (\Delta F_{p绝对})_{max} - (\Delta F_{p绝对})_{min}$；

b. 该齿轮的齿距偏差 Δf_{pt} 就是表格第 6 列中各齿绝对齿距偏差中绝对值最大的那个偏差。

三、齿轮基节检查仪

1. 结构

齿轮基节检查仪用于检验直齿及斜齿的外啮合圆柱齿轮的基节偏差，如图 5-1-6 所示。被测齿轮模数为 1~16 mm，仪器指示表的范围是±0. 06 mm。

2. 测量步骤

（1）仪器的调整。

① 组合一组量块，使其尺寸等于被测齿轮的公称基节 P_b 值。公称基节的计算公式为：

$$P_b = \pi m_n \cos\alpha_n \text{（当 } \alpha = 20° \text{时，} P_b = 2.9521 m_n \text{）}$$

式中：m_n——法向模数；

α_n——法向压力角。

组成所需尺寸后，检验后一起放在块规座内，如图 5-1-7 所示。

图 5-1-6　齿轮基节检查仪

图 5-1-7　块规座

② 调零。选择合适的测头装在仪器上，再把仪器放在块规座上，调节固定量爪与活动量爪，与块规座内的校对块接触，旋动螺母，使测微表上的指针处于零点或零点附近，接着固紧螺钉，再旋动测微表上的微调螺钉进行调整，使指针对准零位。

（2）测量。将仪器的定位爪及固定量爪跨压在被测齿上，活动量爪与另一齿面相接触，将仪器来回摆动，指示表上的转折点即为被测齿轮的基节偏差值 Δf_{pb}。

对一被测齿轮逐齿进行基节偏差的测量，并记录数值。该齿轮的基节偏差 Δf_{pb} 就是各齿基节偏差中绝对值最大的那个偏差。

注意：

① 测量时应认真调整定位爪与固定量爪的距离，以保证固定量爪靠近齿顶部位与齿面相切，活动量爪靠近齿根部位与齿面接触。

② 在基节偏差测量过程中，基节仪使用不当会使其零位发生改变，应随时注意校对。测量前应先擦净零件表面及仪器工作台。

任务练习

一、填空题

1. 测量齿厚偏差的齿厚游标尺，它相当于由两把卡尺相互垂直连接而成，分别称作________和________。

2. 用齿厚游标尺测量齿厚偏差，是以________为基准。

3. 齿轮齿距检查仪是测量________和________的常用量具，其测量方法是________。

4. 常用的齿厚游标尺的游标分度值为________mm。

二、选择题

1. 齿厚尺用于测量所测部位（分度圆）的(　　)。

A. 齿顶圆　　B. 弦齿厚　　C. 齿轮的基节　　D. 齿轮的齿距

2. 齿轮基节检查仪用于检验直齿及斜齿的外啮合圆柱齿轮的(　　)。

A. 齿顶圆　　B. 齿轮齿距偏差　　C. 齿距累积误差　　D. 基节偏差

三、简答题

1. 简述齿轮齿距检查仪的测量步骤。

2. 简述齿轮基节检查仪的测量步骤。

阅读材料——齿轮的加工

齿轮是机械工业的标志性零件，它的作用是按规定的传动比传递运动和动力，在各种机器和仪器中应用非常普遍。

1. 圆柱齿轮的精度要求

齿轮自身的精度影响其使用性能和使用寿命，通常对齿轮的制造提出以下精度要求。

(1) 运动精度确保齿轮恒定的传动比和准确地传递运动，要求最大转角误差不能超过相应的规定值。

(2) 工作平稳性要求传动平稳，振动、冲击、噪声小。

(3) 为保证传动中载荷分布均匀，齿面接触要求均匀，避免局部载荷过大、应力集中等造成过早磨损或折断。

(4) 齿侧间隙要求传动中的非工作面留有间隙以补偿温升、弹性形变和加工装配的误差，并利于润滑油的储存和油膜的形成。

2. 齿轮齿面加工方法的分类

1) 齿面加工方法

(1) 成形法：用与被切齿轮齿槽形状相符的成形刀具切出齿面的方法，如铣齿、拉齿和成型磨齿等。

(2) 展成法：齿轮刀具与工件按齿轮副的啮合关系作展成运动切出齿面的方法，工件的齿面由刀具的切削刃包络而成，如滚齿、插齿、剃齿、磨齿和珩齿等。

2) 圆柱齿轮齿面加工方法选择

齿轮齿面的精度要求大多较高，加工工艺复杂，选择加工方案时应综合考虑齿轮的结构、尺寸、材料、精度等级、热处理要求、生产批量及工厂加工条件等，如表 5-1-2 所示。

表 5-1-2　圆柱齿轮齿面加工方法选择

加工方法	齿面粗糙度	应用场合
铣齿	*Ra* 6.3~*Ra* 3.2	单件修配生产中，加工低精度的外圆柱齿轮等
拉齿	*Ra* 1.6~*Ra* 0.4	大批量生产内齿轮，外齿轮拉刀制造复杂，故少用
滚齿	*Ra* 3.2~*Ra* 1.6	各种批量生产中，加工中等质量外圆柱齿轮及蜗轮
插齿	*Ra* 1.6	各种批量生产中，加工中等质量的内、外圆柱齿轮等
滚（或插）齿—淬火—珩齿	*Ra* 0.8~*Ra* 0.4	用于齿面淬火的齿轮
滚齿—剃齿	*Ra* 0.8~*Ra* 0.4	主要用于大批量生产
滚齿—剃齿—淬火—珩齿	*Ra* 0.4~*Ra* 0.2	用于高精度齿轮的齿面加工
滚（插）齿—淬火—磨齿	*Ra* 0.4~*Ra* 0.2	用于高精度齿轮的齿面加工
滚（插）齿—磨齿	*Ra* 0.4~*Ra* 0.2	用于高精度齿轮的齿面加工

任务二　测量蜗杆

蜗杆检测是采用测量工具和仪器对蜗杆的各项尺寸进行测量，与图纸标注的尺寸或计算得到的尺寸进行比对，以判断所检测的蜗杆是否合格。

任务目标

（1）熟悉测量蜗杆的常用工具和仪器的结构及工作原理，了解其适用范围，掌握其使用方法与测量步骤。

（2）理解蜗杆主要参数的定义及测量方法。

任务描述

图 5-2-1 为蜗杆的零件图，对图中零件的相关尺寸进行测量。通过对本任务的学习，学生应掌握蜗杆检测的主要内容，了解蜗杆常用测量工具和仪器的结构、工作原理和适用范围，能够选用不同的测量工具对蜗杆进行检测、对检测的内容是否合格进行评定，培养严格按照标准执行的工作态度。

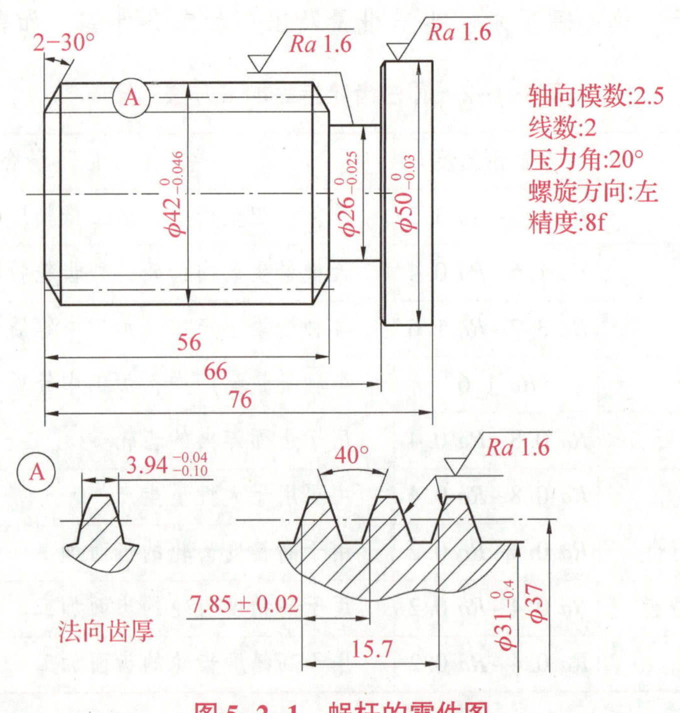

图 5-2-1 蜗杆的零件图

知识链接

一、蜗杆概述

1. 蜗杆的作用及种类

蜗杆、蜗轮传动常用于作减速运动的传动机构中。常用的蜗杆有米制蜗杆（基本参数为模数），齿形角为 20°（牙型角 40°）；英制蜗杆（基本参数为径节），齿形角为 14.5°（牙型角 29°）。我国采用米制蜗杆。

2. 蜗杆的齿形

常用的蜗杆按齿廓形状不同，可分为轴向直廓蜗杆和法向直廓蜗杆两种。轴向直廓蜗杆又称为 ZA 蜗杆，这种蜗杆的轴向齿廓为直线，而在垂直于轴线的截面内，齿形是阿基米德螺旋线，所以又称为阿基米德蜗杆。法向直廓蜗杆又称为 ZN 蜗杆，这种蜗杆在垂直于齿面的法向截面内，齿廓为直线。

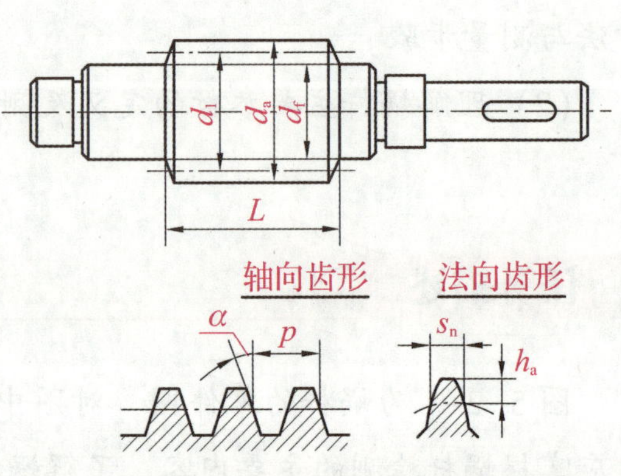

图 5-2-2 蜗杆主要参数的名称、符号

3. 蜗杆主要参数的名称、符号

蜗杆主要参数的名称、符号如图 5-2-2 所示，蜗杆参数及计算公式如表 5-2-1 所示。

表 5-2-1　蜗杆参数及计算公式

轴向模数 m_x	m_x	齿形角 α		$\alpha=20°$
齿距 p	$p=\pi m_x$	齿数 z_1		1
导程 p_z	$p_z=\pi m_x z_1$	导程角 γ		$\tan\gamma=p_z/\pi d_1$
全齿高 h	$h=2.2m_x$	齿顶宽 s_a	轴向	$s_a=0.843m_x$
齿顶高 h_a	$h_a=1.2m_x$		法向	$s_{an}=0.843m_x\cos\gamma$
齿根高 h_f	$h_f=m_x$	齿根槽宽 e_f	轴向	$e_f=0.697m_x$
分度圆直径 d_1	$d_1=qm_x=d_a-2m_x$		法向	$e_{fn}=0.697m_x\cos\gamma$
齿顶圆直径 d_a	$d_a=d_1+2m_x$	齿厚 s_x	轴向	$s_x=\pi m_x/2=p/2$
齿根圆直径 d_f	$d_f=d_1-2.4m_x$ $d_f=d_a-4.4m_x$		法向	$s_{xn}=\pi m_x\cos\gamma/2$ $s_{xn}=p\cos\gamma/2$

二、蜗杆的测量方法

蜗杆的主要测量参数有齿距、齿顶圆直径、分度圆直径、法向齿厚。其中，齿顶圆直径可用千分尺测量，齿距由机床传动链保证。

1. 分度圆直径的测量

1）量针直径的选用

为了减少蜗杆牙型半角误差对测量结果的影响，应选择合适直径的量针直径，即该量针与蜗杆牙型的切点恰好位于蜗杆分度圆直径处。具体计算公式如表 5-2-2 所示。

表 5-2-2　三针测量蜗杆（$\alpha=20°$）的计算公式

三针测量值 M 计算公式	量针直径（d_0）		
	最大值	最佳值	最小值
$M=d_1+3.924d_0-4.316m_x$	$2.446m_x$	$1.672m_x$	$1.61m_x$

注：m_x 为蜗杆的轴向模数；d_1 为蜗杆的分度圆公称直径。

2）三针测量值 M 的计算

三针测量值 M 的具体计算公式参照表 5-2-2。根据计算公式可计算出三针测量值的理论值，再根据蜗杆精度等级查表得出蜗杆分度圆直径的公差，从而可以得到蜗杆分度圆直径三针测量值的变化范围。

2. 法向齿厚的测量

蜗杆的齿厚是很重要的参数，在齿形角正确的情况下，分度圆直径处的轴向齿厚 s_x 与齿槽宽应是相等的，但轴向齿厚无法直接测量，常通过对法向齿厚 s_n 的测量来判断轴向齿厚是否正确。法向齿厚与轴向齿厚的关系可用下式表示：

$$s_n = s_x\cos\gamma = (\pi m_x/2)\cos\gamma$$

法向齿厚可以用齿厚卡尺进行测量，其测量方法如图 5-2-3 所示。

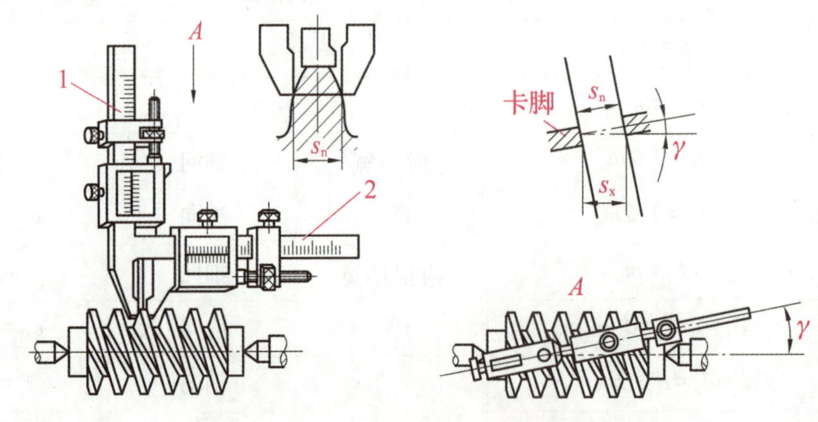

图 5-2-3 蜗杆法向齿厚测量方法

任务练习

一、填空题

1. 常用的蜗杆按齿廓形状不同，可分为________和________两种。

2. 蜗杆的主要测量参数有________、________、________、________。

二、选择题

1. 常用的蜗杆有米制蜗杆，齿形角为（　　）。

A. 20°　　B. 30°　　C. 45°　　D. 90°

2. 三针法测量蜗杆时必须保证三根量针的直径（　　）。

A. 相同　　B. 相近　　C. 不同　　D. 以上都不对

三、简答题

蜗杆的齿形有哪些？它们各有什么特点？

任务拓展

阅读材料——蜗杆车刀及其装夹

蜗杆车刀与梯形螺纹车刀基本相同，但因蜗杆的导程较大，所以在刃磨蜗杆车刀时，更应考虑导程角对车刀前角和后角的影响。另外，蜗杆的精度较高，所以一般用高速钢车刀低速车削。

1. 蜗杆车刀的角度

(1) 刀尖角：粗车刀刀尖角小于蜗杆牙型角，精车刀刀尖角等于蜗杆牙型角。

(2) 刀头宽度：刀头宽度小于齿根槽宽。

(3) 纵向前角：粗车刀纵向前角一般为 15°左右；精车刀为了保证牙型角正确，纵向前角应等于 0°。

(4) 纵向后角：一般为 6°～8°。

(5) 两侧刀刃后角：考虑蜗杆旋向和导程角。右旋车刀的左侧后角为 (3°～5°) +γ，右侧后角为 (3°～5°) −γ；左旋车刀则相反。

(6) 刀尖适当倒圆。

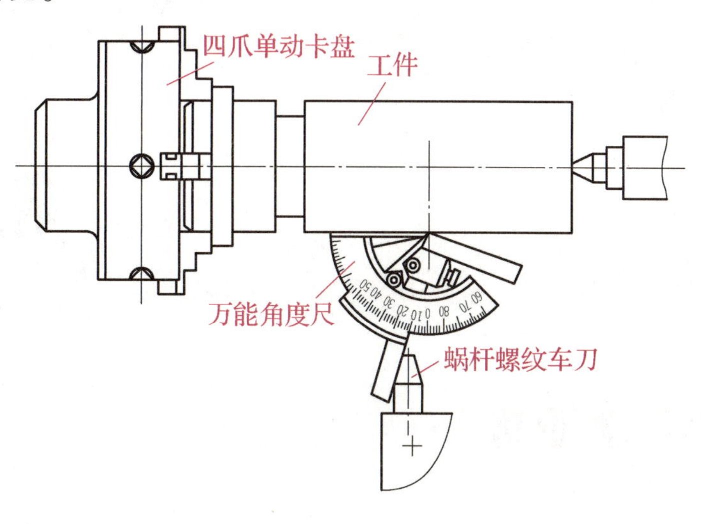

2. 蜗杆车刀的装夹

1) 水平装刀法

车轴向直廓蜗杆时，用水平装刀法。在装夹车刀时一般用样板找正装夹。

装夹模数较大的蜗杆车刀，容易把车刀装歪。此时，可采用万能量角器来找正车刀刀尖角位置，如图 5-2-4 所示。

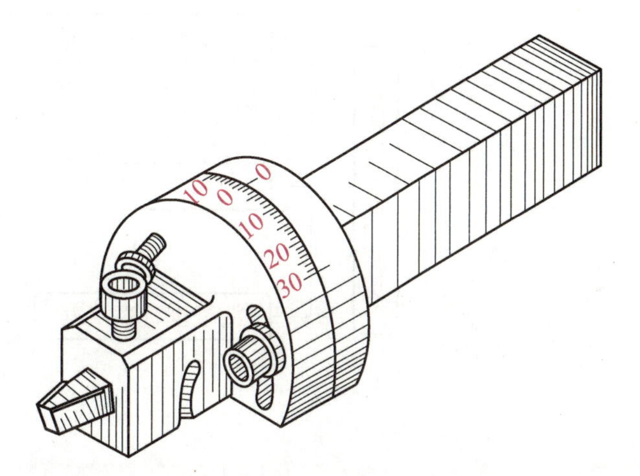

图 5-2-4　蜗杆车刀的装夹

2) 垂直装刀法

车削法向直廓蜗杆时，必须把车刀两侧切削刃组成的平面装得与蜗杆齿侧垂直。由于蜗杆的导程角比较大，因此为了改善切削条件和达到垂直装刀要求，可采用可回转刀杆。刀头可相对刀杆回转一个所需的导程角，然后用螺钉紧固。这种刀杆开有弹性槽，车削时不易产生扎刀。用水平装刀法车削蜗杆时，由于其中一侧切削刃的前角变得很小，切削不顺利，因此在粗车轴向直廓蜗杆时，也常采用垂直装刀法。

项目六

箱体类零件的测量

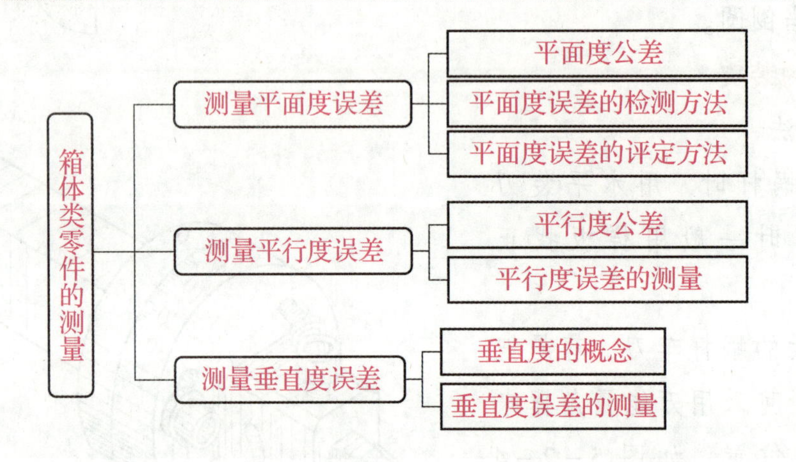

任务一 测量平面度误差

箱体类零件是机器中的基础零件，通过箱体将轴套齿轮等零件组装在一起，使其保持正确的相互位置关系，并按照一定的传动关系协调地传递转矩或改变转速。箱体的加工质量不但直接影响箱体本身的装配精度，还会直接影响机器的工作精度、使用性能和使用寿命。因此，控制箱体类零件的尺寸与形位精度十分重要。

任务目标

（1）理解平面的形状公差（平面度）的定义。

（2）学会平面度误差的检测测量方案的拟订。

（3）掌握平面度的数据处理方法。

任务描述

根据图 6-1-1 的 CA6140 型车床主轴箱箱体图，按图纸所示几何公差要求完成平面度误差的测量工作。通过对本任务的学习，学生应学会正确测量箱体平面度误差，能够合理选用各种专业的工具，培养工匠精神。

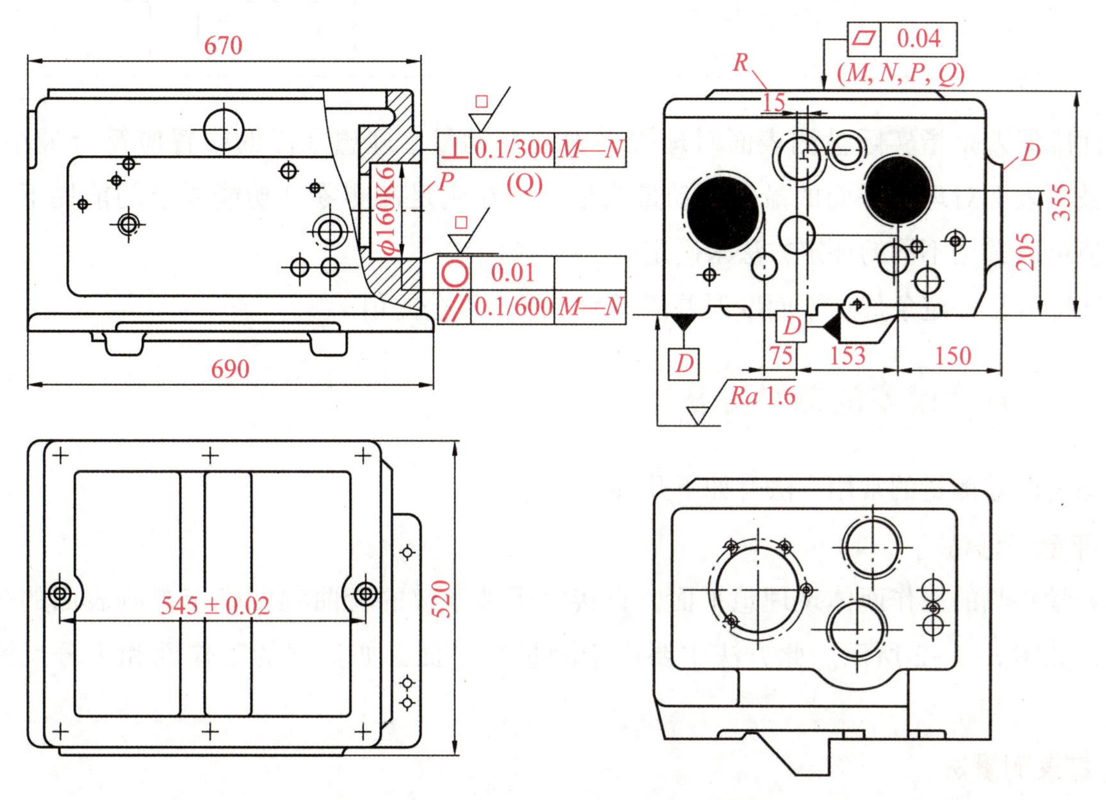

图 6-1-1　CA6140 型车床主轴箱箱体图

知识链接

箱体类零件大多数为铸造件，由于内部需要安装各种零件，因此结构比较复杂。箱体类零件机械加工的结构工艺性对实现高精度、高产量、低成本具有重要的意义。

一、平面度公差

平面度表示面的平整程度，指测量平面具有的宏观凹凸高度相对理想平面的偏差。平面度公差带含义及标注示例如表 6-1-1 所示。

表 6-1-1　平面度公差带含义及标注示例

特征	含义	标注示例
平面度公差	公差带是距离为公差值 t 的两平行平面之间的区域	被测表面必须位于距离为公差值 0.08 的两平行平面之间 0.08

平面度误差是指实际被测表面对理想平面的变动量，理想平面的位置应符合最小条件，即实际被测表面对理想平面的最大变动量为最小。在满足被测零件功能要求的前提下，平面度误差值可以选用不同的评定方法来确定。

平面度合格评定条件：平面度误差值不大于平面度公差值。

二、平面度误差的测量方法

平面度误差测量的常用方法有如下几种。

1. 平晶干涉法

用光学平晶的工作面体现理想平面，直接以干涉条纹的弯曲程度确定被测表面的平面度误差值，如图 6-1-2 所示。此方法主要用于测量小平面，如量规的工作面和千分尺测头测量面。

2. 打表测量法

打表测量法是将被测零件和测微计放在标准平板上，以标准平板作为测量基准面，用测微计沿实际表面逐点或沿几条直线方向进行测量，如图 6-1-3 所示。打表测量法按评定基准面分为三点法和对角线法。

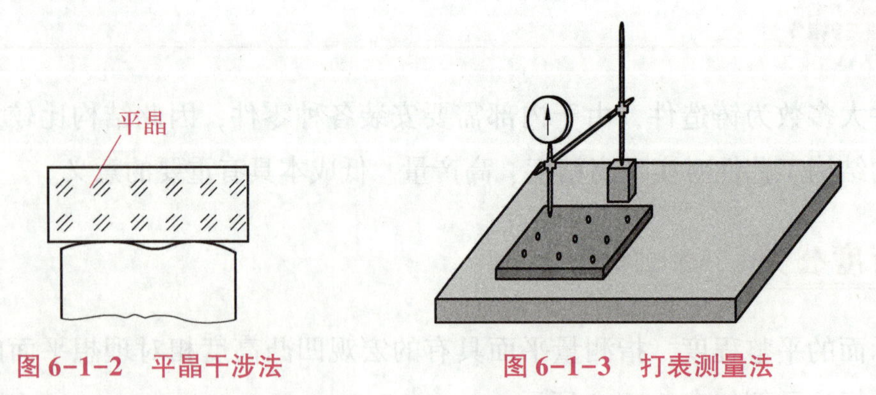

图 6-1-2　平晶干涉法　　图 6-1-3　打表测量法

三点法是用被测实际表面上相距最远的 3 个点所决定的理想平面作为评定基准面，实测时先将被测实际表面上相距最远的 3 个点调整到与标准平板等高。

对角线法实测时先将实际表面上的 4 个角点按对角线调整到两两等高，然后用测微计进行测量，测微计在整个实际表面上测得的最大变动量即为该实际表面的平面度误差。

3. 液平面法

液平面法是用液平面作为测量基准面，液平面由“连通罐”内的液面构成，然后用传感器进行测量，此法主要用于测量大平面的平面度误差。

4. 光束平面法

光束平面法是采用准值望远镜和瞄准靶镜进行测量，选择实际表面上相距最远的 3 个点形成的光束平面作为平面度误差的测量基准面。

除上述方法外，还可采用平面干涉仪、水平仪、自准直仪等测量大型平面的平面度误差。

三、平面度误差的评定方法

平面度误差的评定方法有最小包容区域法、最小二乘法、对角线平面法和三远点平面法 4 种。其中，最小包容区域法的评定结果小于或等于其他 3 种方法的评定结果。

1. 最小包容区域法（最小条件的判别准则）

用最小包容区域法评定平面度误差，是以最小包容区域的包容平面作为评定基面。在两平行平面包容实际面时，实际面与两平行平面至少应有 4 点或 3 点接触。

1）三角形准则

一个极低点在上包容平面上的投影位于 3 个极高点所形成的三角形内，或一个极高点在下包容平面上的投影位于 3 个极低点所形成的三角形内，如图 6-1-4 所示。

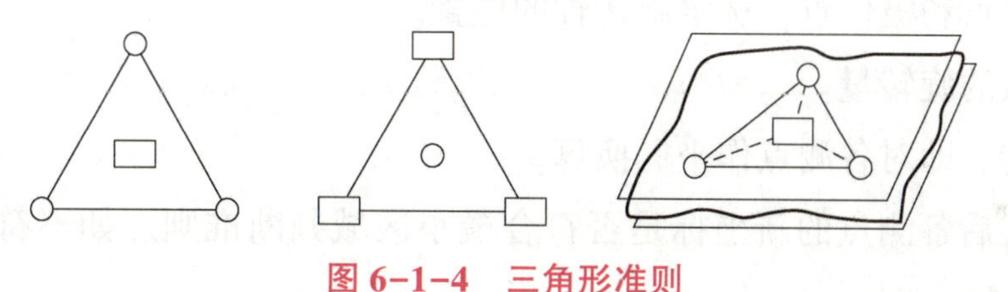

图 6-1-4　三角形准则

2）交叉准则

两个极高点的连线与两个极低点的连线在包容平面上的投影相交，如图 6-1-5 所示。

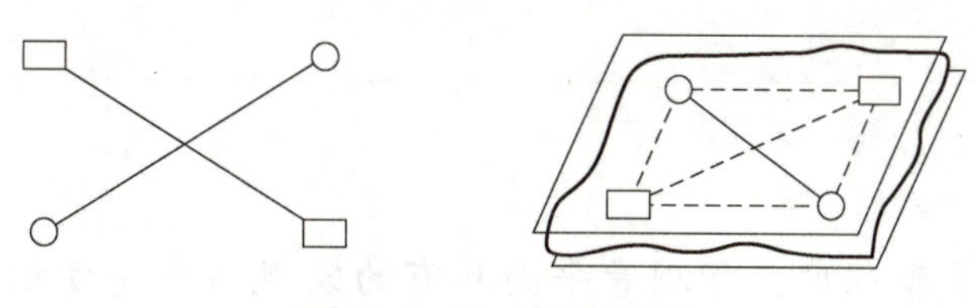

图 6-1-5　交叉准则

3）直线准则

两平行包容平面与实际表面接触高低相间的 3 点，且它们在包容平面上的投影位于同一直线上，如图 6-1-6 所示。

2. 平板测微法

检验时，保持表座基准沿工字平尺上平面密切贴合并滑动，百分表测杆在被测面上移动，其最大跳动量即为被测方向的平面度误差。一般用三点法或四点法进行测量，适用于中小平面的测量。

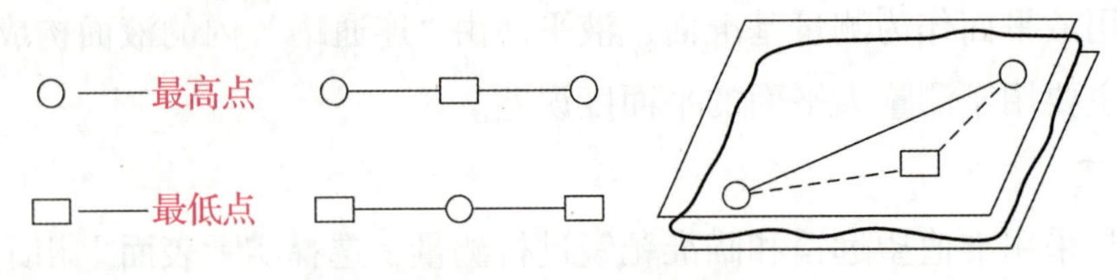

图 6-1-6 直线准则

3. 对角线平面法

用对角线平面法评定平面度误差，是以通过实际表面上的一条对角线的两个对角点且平行于另一条对角线的理想平面作为评定基面，如图 6-1-7 所示。用该方法评定平面度误差可以获得唯一值。

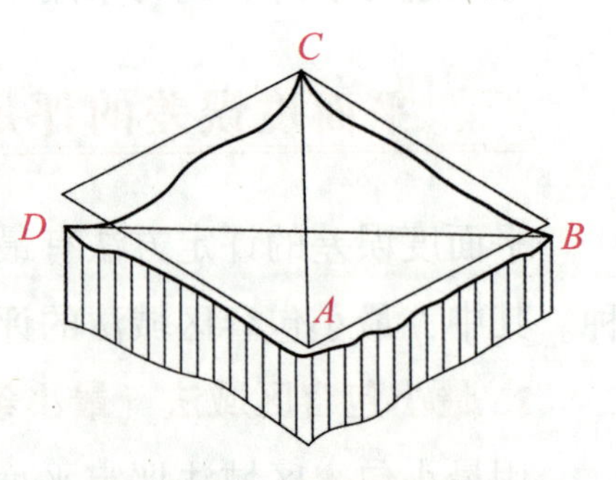

图 6-1-7 对角线平面法

4. 数据处理方法

评定过程就是根据上述判别准则去寻找符合最小条件的理想平面位置的过程。可有多种数据处理方法，其中旋转法为最基本的方法。此方法适用于前述各种测量方法获得的统一坐标值的数据处理。

旋转法求取平面度误差值的步骤如下。

（1）初步判断被测表面的类型，以便选择相应的最小区域判断准则。

（2）拟订极高点和极低点，选定旋转轴的位置。

（3）计算各点的旋转量。

（4）进行旋转，即对各测点作坐标换算。

（5）检查旋转后各测点的新坐标是否符合最小区域判断准则。如不符合，则应作第二次旋转，重复上述步骤。

任务练习

一、填空题

1. 平面度表示面的平整程度，指测量平面具有的宏观凹凸高度相对________。

2. 平晶干涉法，主要用于测量________。

3. 打表测量法按评定基准面分为________和________。

4. 平面度误差的评定方法有________、________、________和________4 种。

二、选择题

1. 最小包容区域法直线准则中两平行包容平面与实际表面接触高低相间的(　　)，且它们在包容平面上的投影位于同一直线上。

A. 2 点　　B. 3 点　　C. 4 点　　D. 5 点

2. 平板测微法检验时，保持表座基准沿工字平尺上平面密切贴合并滑动，百分表测杆在被测面上移动，其(　　)跳动量即为被测方向的平面度误差。

A. 最大　　B. 最小　　C. 相近　　D. 以上都不是

三、简答题

1. 什么是平面度误差？

2. 简述旋转法求取平面度误差值的步骤。

任务拓展

阅读材料——箱体类零件简介

箱体类零件一般是指具有一个以上孔系，内部有一定型腔或空腔，在长、宽、高方向有一定比例的零件。这类零件在机械、汽车、飞机制造等各个行业用得较多，如汽车的发动机缸体，变速箱体；机床的床头箱、主轴箱；柴油机缸体、齿轮泵壳体等。箱体类零件如图6-1-8所示。

箱体类零件一般都需要进行多工位孔系、轮廓及平面加工，公差要求较高，特别是几何公差要求较为严格，通常要经过铣、钻、扩、镗、铰、锪，攻螺纹等工序，需要刀具较多，在普通机床上加工难度大，工装套数多，费用高，加工周期长，需多次装夹、找正，手工测量次数多，加工时必须频繁地更换刀具，工艺难以制订，更重要的是精度难以保证。这类零件在加工中心上加工，一次装夹可完成普通机床60%~95%的工序内容，零件各项精度一致性好，质量稳定，同时节省费用，缩短生产周期。

图6-1-8　箱体类零件

对于加工箱体类零件的加工中心的选择，当加工工位较多，需工作台多次旋转角度才能完成时，一般选卧式镗铣类加工中心；当加工的工位较少，且跨距不大时，可选立式加工中心，从一端进行加工。

箱体类零件的加工方法，主要有以下几种。

(1) 当既有面又有孔时，应先铣面，后加工孔。

(2) 所有孔系都应先完成全部孔的粗加工，再进行精加工。

(3) 一般情况下，直径大于30 mm的孔都应铸造出毛坯孔。在普通机床上先完成毛坯的粗加工，给加工中心加工工序的留量为4~6 mm（直径），再上加工中心进行面和孔的粗、精加工。通常分粗镗→半精镗→孔端倒角→精镗4个工步完成。

(4) 直径小于30 mm的孔可以不铸出毛坯孔，孔和孔的端面全部加工都在加工中心上完成。可分为锪平端面→（打中心孔）→钻→扩→孔端倒角→铰等工步。有同轴度要求的小孔(直径小于30 mm)，须采用锪平端面→（打中心孔）→钻→半精镗→孔端倒角→精镗（或铰）工步来完成，其中打中心孔需视具体情况而定。

(5) 在孔系加工中，先加工大孔，再加工小孔，特别是在大小孔相距很近的情况下，更要采取这一措施。

(6) 对于跨距较大的箱体的同轴孔加工，尽量采取调头加工的方法，以缩短刀、辅具的长径比，增加刀具刚性，提高加工质量。

(7) 螺纹加工，一般情况下，M6~M20的螺纹孔可在加工中心上完成攻螺纹。M6以下、M20以上的螺纹可在加工中心上完成底孔加工，攻螺纹可通过其他手段加工。因加工中心的自动加工方式在攻小螺纹时，不能随机控制加工状态，小丝锥容易折断，从而产生废品。此外，由于刀具、辅具等因素影响，在加工中心上攻M20以上大螺纹也有一定困难。但这也不是绝对的，可视具体情况而定。

任务二 测量平行度误差

为了满足机器的使用功能，要求零件有较好的平行度。因此，学会对零件的平行度进行检测能够有效控制零件的形位精度。

任务目标

(1) 理解平行的形状公差（平面度）的定义。

(2) 学会平行度误差的检测测量方案的拟订。

(3) 掌握平行度误差的数据处理方法。

任务描述

根据图6-1-1的CA6140型车床主轴箱箱体图，按图纸所示几何公差要求完成主轴箱箱体平行度误差的测量工作。通过对本任务的学习，学生应学会正确测量箱体平行度误差，能够合理选用各种专业的工具，培养工匠精神。

知识链接

机床主轴轴线对装配基准面的平行度误差会影响机床的加工精度。为了减少刮研工作量，规定了 CA6140 型车床主轴轴线对装配基准面的平行度公差要求为 600∶0.1 mm，在垂直和水平两个方向上只允许主轴前端向上和向前偏。

一、平行度公差

平行度是限制实际要素对基准的平行方向上变动量的一项指标。根据被测要素和基准要素的几何特征，可将平行度公差分为线对线、线对面、面对线和面对面 4 种情况。平行度公差带含义及标注示例如表 6-2-1 所示。

表 6-2-1　平行度公差带含义及标注示例

特征	含义	标注示例
线对线	公差带是距离为公差值 t 位于给定方向上且平行于基准线的两平行平面之间的区域 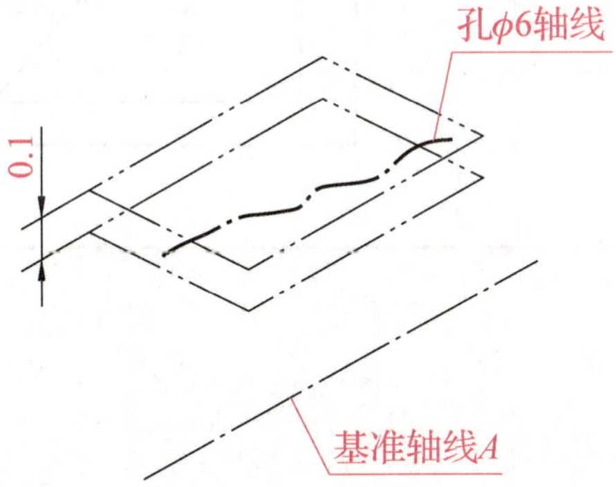 孔ϕ6轴线 0.1 基准轴线A	提取（实际）中心线应限定在间距为 0.1、平行于基准轴线 A 的两平行平面之间 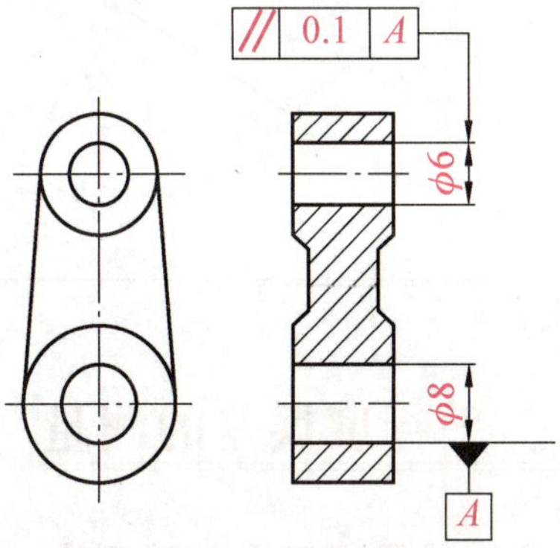 // 0.1 A ϕ6 ϕ8 A
线对面	公差带是距离为公差值 t 且平行于基准平面的两平行平面之间的区域 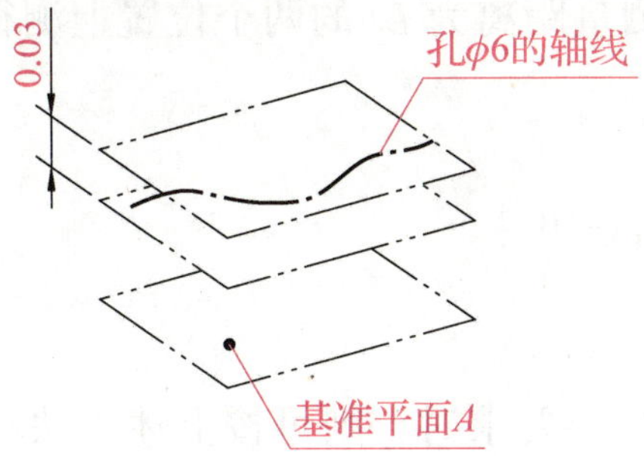 0.03 孔ϕ6的轴线 基准平面A	提取（实际）表面应限定在平行于基准平面 A、间距为 0.03 的两平行平面之间 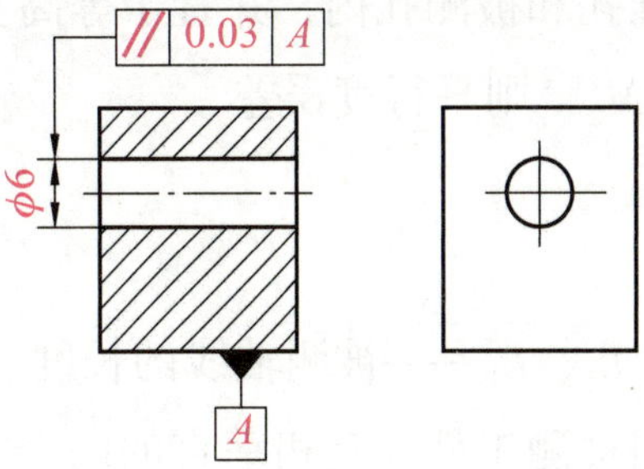 // 0.03 A ϕ6 A

续表

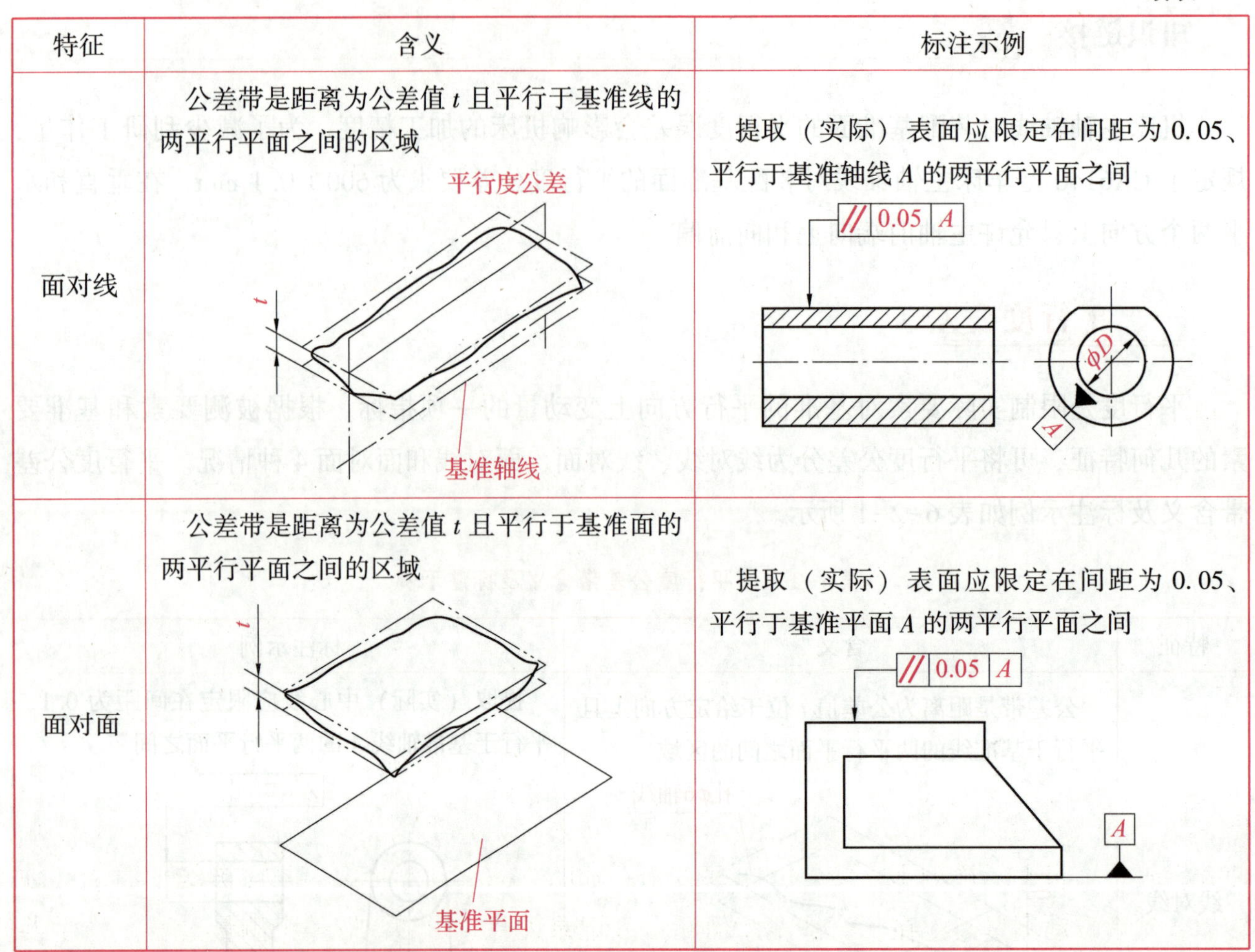

特征	含义	标注示例
面对线	公差带是距离为公差值 t 且平行于基准线的两平行平面之间的区域 平行度公差 t 基准轴线	提取（实际）表面应限定在间距为 0.05、平行于基准轴线 A 的两平行平面之间 // 0.05 A ϕD A
面对面	公差带是距离为公差值 t 且平行于基准面的两平行平面之间的区域 t 基准平面	提取（实际）表面应限定在间距为 0.05、平行于基准平面 A 的两平行平面之间 // 0.05 A A

二、平行度误差的测量

1. 线对线平行度误差的测量

如图 6-2-1 所示，测量零件孔中心线对孔中心线的平行度误差时，先将标准心轴分别插入基准孔和被测孔内，并置于等高支承上。在测量距离为 L_2 的两个位置上测得的数值分别为 M_1 和 M_2，则平行度误差

$$f=\frac{L_1}{L_2}\left|M_1-M_2\right|$$

式中：L_1、L_2——被测轴线的长度。

当被测工件在互相垂直的两个方向上给定公差要求时，则可按上述方法在两个方向上分别测量。

2. 线对面平行度误差的测量

如图 6-2-2 所示，测量线对面平行度误差时，双手推拉表架在平板上缓慢地作前后滑动，当百分表或千分表从心轴上素线滑过，找到指示表指针转动的往复点（极限点）后，停止滑动，进行读数。

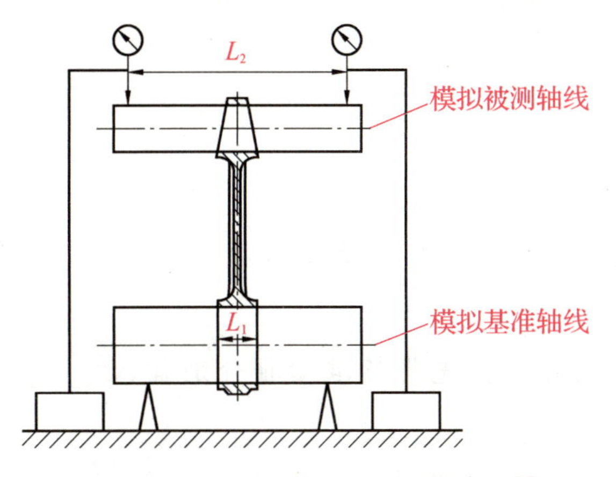

图 6-2-1　线对线平行度误差的测量

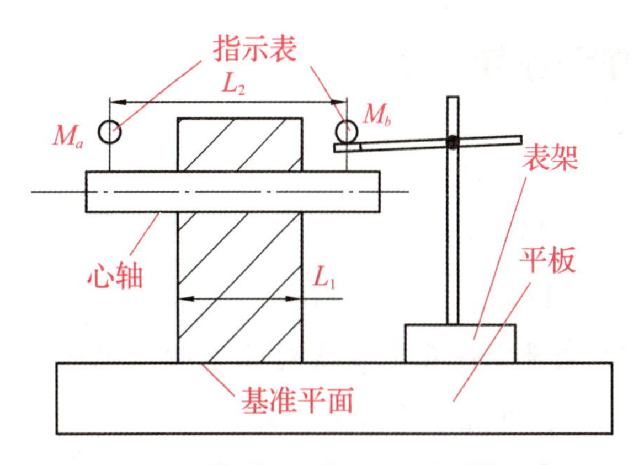

图 6-2-2　线对面平行度误差测量示意图

在被测心轴上确定两个测点 a、b，设二测点距离为 L_2，指示表在二测点的读数分别为 M_a、M_b。若被测要素长度为 L_1，那么，被测孔对基准平面的平行度误差可按比例折算得到。计算公式如下：

$$f=\frac{L_1}{L_2}\left|M_a-M_b\right|$$

3. 面对线平行度误差的测量

如图 6-2-3 所示，测量零件上表面对孔中心线的平行度误差时，将标准心轴插入基准孔内，用一对 V 形块作等高支承，将带指示器的测量架也放在平板上，调整指示器测头的位置使其垂直于平板并与被测平面接触，在垂直于心轴的方向移动测量架，并使被测平面绕心轴转动，然后移动测量架，在整个被测表面测量并记录读数。最后，取整个测量过程中指示器的最大与最小读数之差作为被测件的平行度误差值；也可在取得全部测点的测量数据后，用最小条件评定平行度。

4. 面对面平行度误差的测量

如图 6-2-4 所示，测量零件上表面对底面的平行度误差时，将被测件的基准面放置在平板上，并将带指示器的测量架也放在平板上，平板就是测量基准。然后，调整测量架的高度，使指示器的测头垂直地与被测面接触，调整表的零位。最后，前后左右移动测量架，并观察指示器的示值变化，指示器的最大与最小读数之差即为被测件的平行度误差值。

注意：测量时应选用可胀式（或与孔成无间隙配合的）心轴。

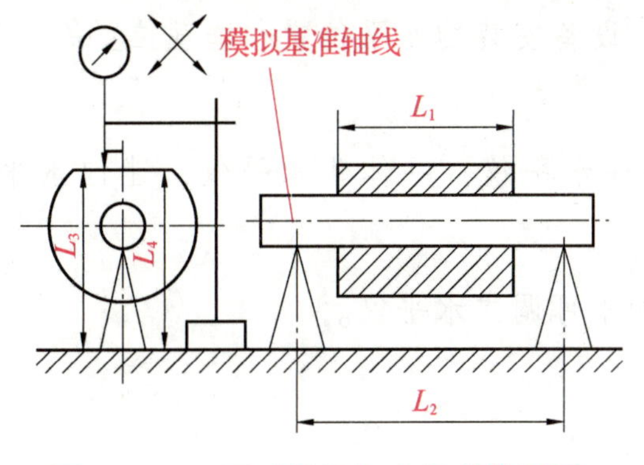

图 6-2-3　面对线平行度误差的测量

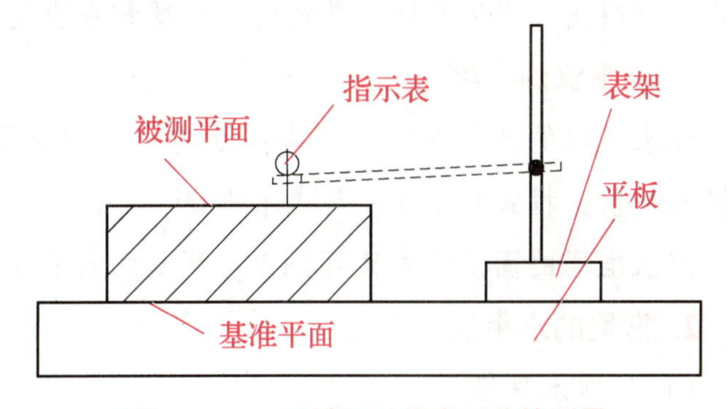

图 6-2-4　面对面平行度误差的测量

任务练习

一、填空题

1. 根据被测要素和基准要素的几何特征，可将平行度公差分为________、________、________和________4种情况。

2. 测量零件孔中心线对孔中心线的平行度误差时，先将标准心轴分别插入________和________，并置于等高支承上。

二、选择题

1. 测量零件上表面对底面的平行度误差时，将被测件的基准面放置在平板上，并将带指示器的测量架也放在平板上，(　　)就是测量基准。

A. 平板　　　　B. 工件上表面

C. 工件下表面　　　　D. 测量架

2. 在面对线平行度误差的测量中，最后取整个测量过程中指示器的最大与最小读数之(　　)，作为被测件的平行度误差值。

A. 和　　　　B. 差

C. 乘积　　　　D. 以上都不是

三、简答题

1. 简述面对面平行度误差的测量步骤。

2. 简述面对线平行度误差的测量步骤。

任务拓展

阅读材料——水平仪

水平仪是一种测量小角度的常用量具。在机械和仪表制造行业中，用于测量相对于水平位置的倾斜角、机床类设备导轨的平面度和直线度、设备安装的水平位置和垂直位置等。

1. 水平仪的分类

按水平仪的外形不同可分为：万向水平仪，圆柱水平仪，一体化水平仪，迷你水平仪，相机水平仪，框式水平仪，尺式水平仪。

按水准器的固定方式又可分为：可调式水平仪和不可调式水平仪。

2. 常用的水平仪

1) 气泡水平仪

气泡水平仪是检验机器安装面或平板是否水平，及测知倾斜方向与角度大小的测量仪器，如图 6-2-5 所示。其用高级钢料制造架座，经精密加工后，其架座底座必须平整，座面中央装有纵长圆曲形状的玻璃管，也有在左端附加横向小型水平玻璃管，管内充满醚或酒精，并留有一个小气泡，它在管中永远位于最高点。玻璃管上在气泡两端均有刻度分划。通常，工厂安装机器时，常用气泡水平仪的灵敏度为 0.01 mm/m、0.02 mm/m、0.04 mm/m、0.05 mm/m、0.1 mm/m、0.3 mm/m 和 0.4 mm/m 等规格。将水平仪置于 1 m 长的直规或平板之上，当其中一端点有灵敏度指示大小的差异时，如灵敏度为 0.01 mm/m，即是表示直规或平板的两端点有 0.01 mm 的高低差异。气泡水平仪的原理是利用气泡在玻璃管内一直保持在最高位置的特性。对于一定的倾斜角，欲使气泡的移动量大（即所谓灵敏度良好），只需增大玻璃管的圆弧半径即可。

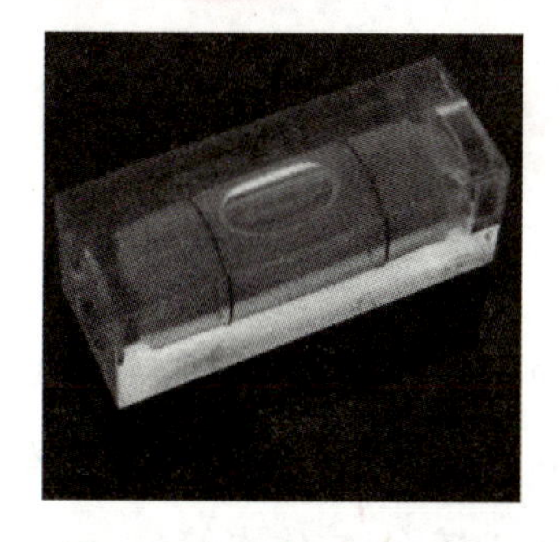

图 6-2-5　气泡水平仪

2）电子式水平仪

电子式水平仪可用来测量高精度的工具机，如车床、铣床、切削加工机、三次元量床等床面，其灵敏度非常高。电子水平仪一般分为电感式电子水平仪和电容式电子水平仪等两种，根据测量方向不同还可分为一维和二维电子水平仪。电子水平仪的测量部分主要由壳体、测微装置和电极水泡式传感器组成。电极水泡式传感器与一般水平仪的水准器的作用相似，但结构不同。

水平检测技术在工业生产中有重要的应用价值。技术工艺是衡量一个企业是否具有先进性，是否具备市场竞争力，是否能不断领先于竞争者的重要指标依据。随着中国水平仪市场的迅猛发展，与之相关的核心生产技术应用与研发必将成为业内企业关注的焦点。

任务三　测量垂直度误差

垂直度是方向公差中控制被测要素与基准要素夹角为 90°的公差要求，分为给定平面、给定方向、任意方向的垂直度要求。

任务目标

（1）了解垂直度测量工具和仪器的使用方法。

（2）能够准确测量被测内容的垂直度。

（3）掌握对零件垂直度合格性的评定方法。

任务描述

根据图6-1-1的CA6140型车床主轴箱箱体图，按图纸所示几何公差要求完成垂直度误差的测量工作。通过对本任务的学习，学生应掌握垂直度检测的主要内容，了解垂直度测量工具和仪器使用方法，掌握垂直度的检测方法，能够对检测的内容是否合格进行评定，养成一丝不苟的工作态度。

知识链接

一、垂直度的概念

垂直度是限制实际要素对基准要素在垂直方向上变动量的一项指标。在垂直度公差带中，被测要素和基准要素可以是线也可以是面，具体可归纳如下类型。

（1）面对基准平面、面对基准直线、线对基准直线的垂直度：公差带均为垂直于基准平面（或直线）、距离为公差值 t 的两平行平面之间的区域。

（2）线对基准平面的垂直度：公差带有3种情况，给定一个方向时，为垂直于基准平面、距离为公差值 t 的两平行平面（或直线）之间的区域；给定相互垂直的两个方向时，为一垂直于基准平面、正截面为公差值 $t_1 \times t_2$ 的四棱柱内的区域；任意方向时，为一垂直于基准平面、直径为公差值 t 的圆柱面内的区域。

二、垂直度误差的测量

1. 面对面垂直度误差的测量

测量件如图6-3-1（a）所示。

所用设备：平板、直角座、带指示器的测量架。

测量方法：如图6-3-1（b）所示，将被测件的基准面固定在直角座（或其他垂直度量具）上，使指示器测头与被测面接触，在垂直面方向移动测量架，同时调整被测件的位置，使指示器在前后两点的读数相等，然后再测量其他全部被测点，最后取指示器在整个被测表面各点测得的最大与最小读数之差，作为该件的垂直度误差值。

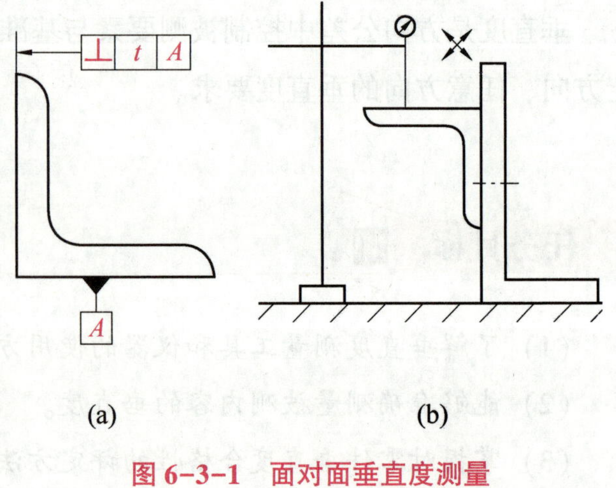

图6-3-1 面对面垂直度测量

2. 面对线垂直度误差的测量

测量件如图 6-3-2（a）所示。

所用设备：平板、导向块、固定支承、指示表、表架。

测量方法：如图 6-3-2（b）所示，以导向块来模拟基准轴线。先将导向块放置在平板上，并调整导向块使其轴线与平板工作面垂直，导向块内置固定支承，再将被测件放置在导向块内，使被测件上相隔 90°的两条母线与导向块的工作面紧密接触，然后将带指示器的测量架放在平板上，使指示器测头与被测平面接触，移动测量架，在整个被测平面内进行读数，取最大与最小读数之差作为该零件的垂直度误差值。

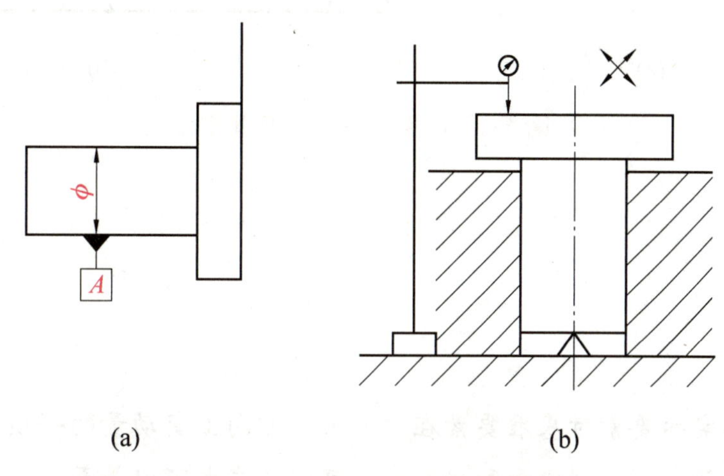

图 6-3-2　面对线垂直度测量

3. 线对线垂直度误差的测量

测量件如图 6-3-3（a）所示。

所用设备：平板、直角尺、心轴、固定和可调支承、指示表、表架。

测量方法：如图 6-3-3（b）所示，将被测件通过可调支承固定在平面上，并使基准轴线处于垂直于平板工作面的位置。在基准孔和被测孔内分别插入合适的标准心轴以模拟两轴线。将直角尺置于平板上，并推动使其长边工作面与基准心轴的一条素线接触，调整可调支承，使直角尺工作面与基准心轴的素线间无间隙，再将直角尺工作面与相隔 90°的另一条素线接触，重复上述操作，直到两条素线均垂直于平板为止。以平板为测量基准，用指示器在被测心轴上距离为 L_2 的两个位置上测得的数值分别为 M_1 和 M_2，则该件的垂直度误差值为

$$f=\frac{L_1}{L_2}|M_1-M_2|$$

式中：L_1——被测轴线的长度。

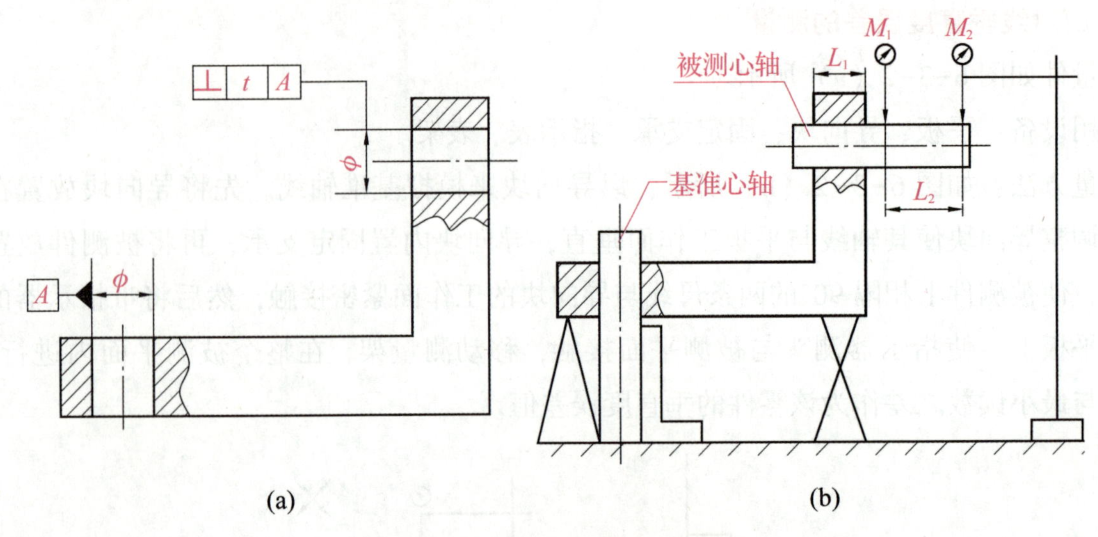

图 6-3-3 线对线垂直度测量

任务练习

一、填空题

1. 垂直度是限制实际要素对基准要素在________方向上变动量的一项指标。

2. 在垂直度公差带中，被测要素和________可以是线也可以是面。

3. 线对线垂直度误差的测量中，将被测件通过可调支承固定在平面上，并使基准轴线处于垂直于平板工作面的位置，在基准孔和被测孔内分别插入合适的________以模拟两轴线。

二、选择题

1. 垂直度是方向公差中控制被测要素与基准要素夹角为(　　)的公差要求。

A. 60°　　B. 30°　　C. 45°　　D. 90°

2. 在面对线的垂直度误差测量中，在整个内测平面内进行读数，取最大与最小读数之(　　)作为该零件的垂直度误差值。

A. 和　　B. 差　　C. 积　　D. 以上都不是

三、简答题

1. 简述面对面垂直度误差的测量步骤。

2. 简述面对线垂直度误差的测量步骤。

任务拓展

阅读材料——垂直度测量仪

垂直度检查仪如图 6-3-4 所示，它属于精密测量装置，适用于机械加工、精密五金、精密工具等各类直角尺及工件的垂直度测量。

1. 主要用途

（1）检测尺寸在500 mm内的00级、0级、1级、2级的各种类型直角尺的垂直度，以及被测面的直线度。

（2）检测尺寸小于500×500 mm的方箱的各个工作面之间的垂直度和平行度。

（3）检测尺寸在0~500 mm范围内高精度的机械零件的垂直度。

图6-3-4　垂直度检查仪

垂直度检查仪具有测量精度高、性能稳定、操作及维护方便的优点，但是由于技术难度较大，国内几乎没有生产，只有几家公司在做，主要是发达国家在生产。由于其售价较高，在我们国内没有得到普及推广。国内在检测垂直度方面主要还是使用传统的检测方法，如光隙法、手动打表法等，这些方法操作过程比较烦琐，检测效率也比较低。

2. 使用方法

垂直度检查仪是运用气浮与真空吸附原理进行测量的，在测量的过程中都必须有气体作润滑，所以开机后系统会对气路气压进行检测。当气压处在设置的范围内时电动机才能开始工作，否则系统蜂鸣器就会报警，电动机无法启动。滑台上下移动过程中，真空吸附滑台的正负压气路均要打开。使用前滑台的初始位置位于最低位置处（此时测头距离大理石平板表面约10 mm）。以下是具体使用方法。

1）单个测量面器具

（1）按下底部气浮按钮，使主体浮起，然后将测量仪移动到基准工作台合适的位置，松开按钮使主体底部与基准工作台面接触。

（2）仪器复位（测头距离基准工作台面约10 mm处）。

（3）调整被检器具位置使其被测量面与测头相接触，当测头示值（通过TT20显示盒可以看到示值）接近0时，使测头读数清零。

（4）在软件界面上输入被检器具的相关信息（如直角尺类型、生产单位、出厂编号、检定员、送检单位、设备编号、检定日期等），确定后单击“开始测量”按钮。

（5）测量完毕后单击软件界面上的“记录管理”按钮查看检测记录，并进行打印等相关操作。

2）两个测量面器具

（1）按照以上步骤（2）~（4）测量第一个被测量面（外角α）。

（2）第一个面测量完之后，软件界面上会出现一个提示对话框，提示进入第二个测量面（γ角）的测量。根据提示，调整好被测器具第二个测量面与测头的相互位置，当测头示值接近0时，使测头读数清零，然后单击软件界面上的“确定”按钮即可进行测量。

（3）输入两个基面之间的平行度误差，确定后软件根据规程换算出内角β。

项目七

三坐标测量仪简介

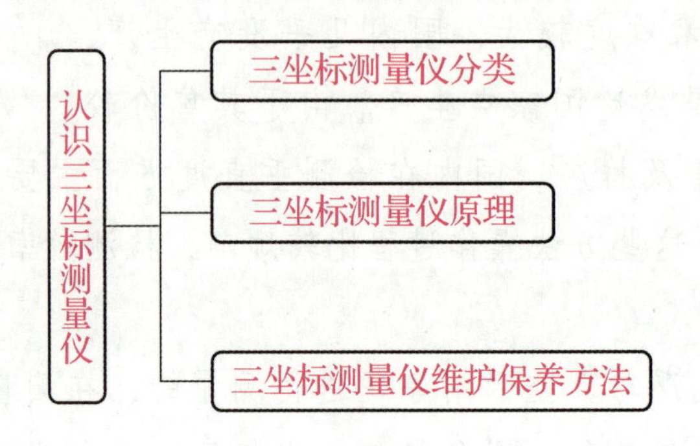

任务 认识三坐标测量仪

三坐标测量仪是能够表现几何形状、具有长度及圆周分度等测量能力的仪器，三坐标测量仪又可定义为“一种具有可作 3 个方向移动的探测器，可在 3 个相互垂直的导轨上移动，此探测器以接触或非接触等方式传递讯号，3 个轴的位移测量系统（如光栅尺）经数据处理器或计算机等计算出工件的各点及完成各项功能测量的仪器”。三坐标测量仪可以用于测量尺寸精度、定位精度、几何精度及轮廓精度等。

任务目标

(1) 了解三坐标测量仪结构。

(2) 了解三坐标测量仪原理。

(3) 了解三坐标测量仪维护保养方法。

任务描述

根据图 7-1-1 所示的三坐标测量仪，完成三坐标测量仪的维护和保养。通过对本任务的学习，学生应了解三坐标测量仪的机构、工作原理以及维护和保养的方法，能够对三坐标测量仪进行简单的维护和保养，养成爱护设备的良好工作习惯。

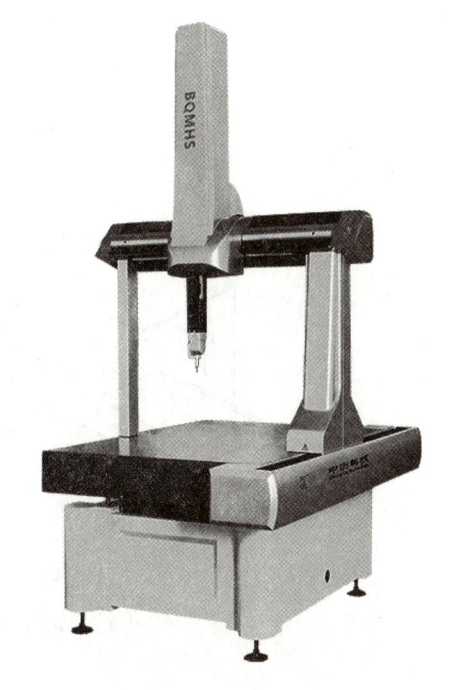

图 7-1-1　三坐标测量仪

知识链接

一、三坐标测量仪分类

1. 按机械结构分

（1）龙门式三坐标测量仪：用于轿车车身等大型机械零部件或产品测量，如图 7-1-2 所示。

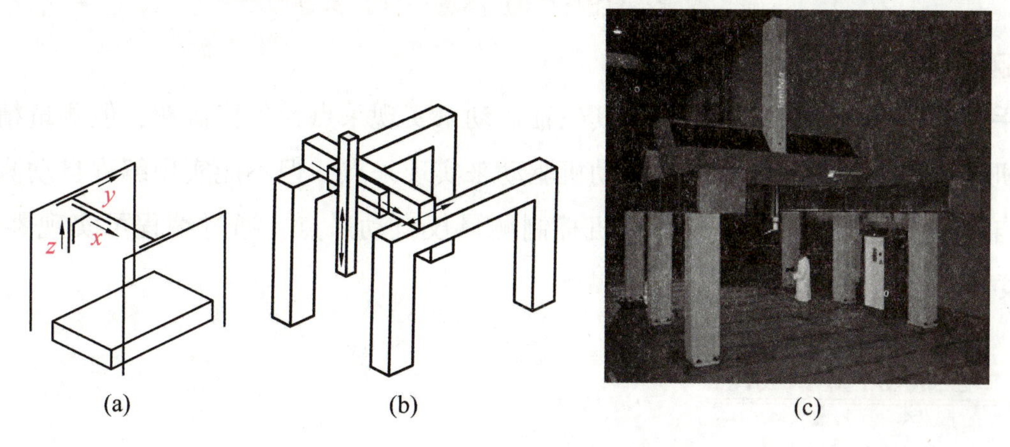

图 7-1-2　龙门式三坐标测量仪

（a）原理示意图；（b）示例；（c）实物图

（2）桥式三坐标测量仪：用于复杂零部件的质量检测、产品开发，精度高，如图 7-1-3 所示。

（3）悬臂式三坐标测量仪：主要用于车间划线、简单零件的测量，精度比较低，如图 7-1-4 所示。

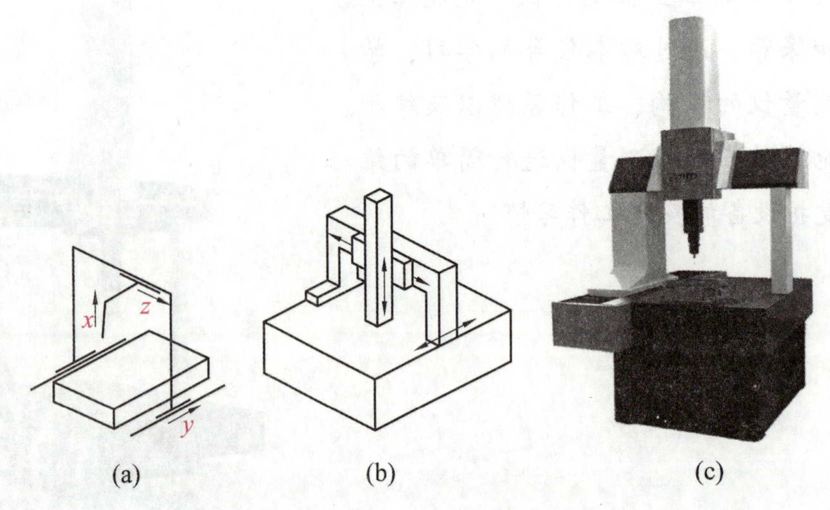

图 7-1-3　桥式三坐标测量仪

（a）原理示意图；（b）示例；（c）实物图

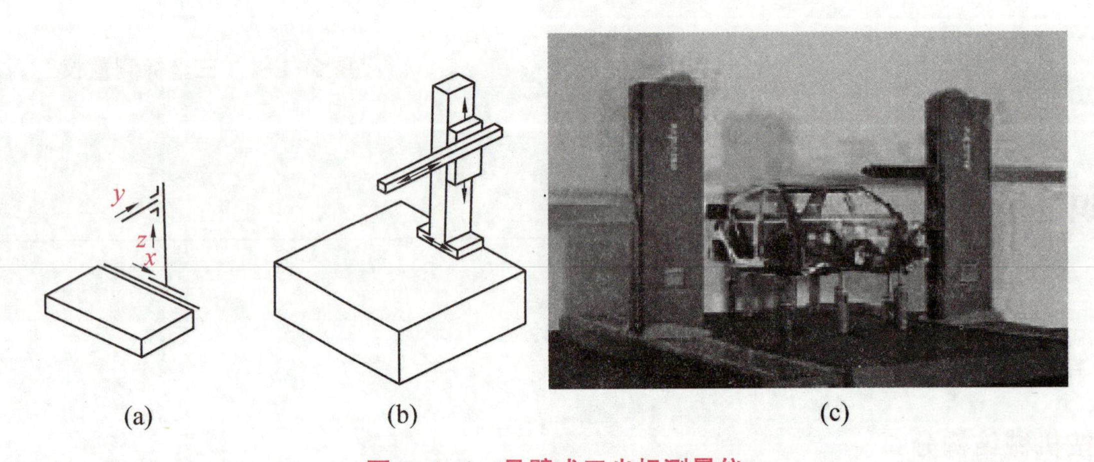

图 7-1-4　悬臂式三坐标测量仪

（a）原理示意图；（b）示例；（c）实物图

2. 按驱动方式分

（1）手动型三坐标测量仪：手工使其三轴运动来实现采点，价格低廉，但测量精度差。

（2）机动型三坐标测量仪：通过电动机驱动来实现采点，但不能实现编程自动测量。

（3）自动型三坐标测量仪：由计算机控制测量仪自动采点，通过编程可实现零件自动测量，且精度高。

二、三坐标测量仪原理

将被测物体置于三坐标测量仪的测量空间，可获得被测物体上各测量点的坐标值。根据这些点的空间坐标值经过数学运算求出被测物体的几何尺寸、形状和位置公差，如图 7-1-5

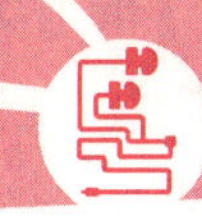

所示。

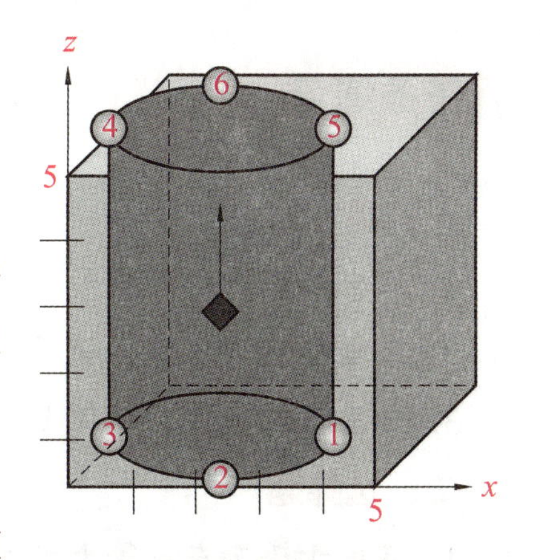

图 7-1-5　三坐标测量仪原理

三、三坐标测量仪维护保养方法

三坐标测量仪作为一种精密的测量仪器，如果维护及保养做得及时，就能延长机器的使用寿命，并使精度得到保障、故障率降低。三坐标测量仪维护及保养规程如下。

1. 开机前的准备

（1）三坐标测量仪对环境要求比较严格，应按要求严格控制周围环境的温度及湿度。

（2）三坐标测量仪使用气浮轴承，理论上是永不磨损结构，但是如果气源不干净，有油、水或杂质，就会造成气浮轴承阻塞，甚至会造成气浮轴承和气浮导轨划伤，后果严重。所以，每天要检查机床气源，放水放油；定期清洗过滤器及油水分离器；定期检查机床气源上一级空气来源（空气压缩机或集中供气的储气罐）；花岗岩导轨更要定期检查导轨面状况，每次开机前应用航空汽油（120 号或 180 号汽油）或无水乙醇擦拭。

（3）切记在保养过程中不能给任何导轨上涂抹任何性质的油脂。

（4）在长时间没有使用三坐标测量仪时，在开机前应做好准备工作：控制室内的温度和湿度（24 h 以上），然后检查气源、电源是否正常。

（5）开机前检查电源，如有条件应配置稳压电源，定期检查接地，接地电阻小于 4 Ω。

2. 工作过程中

（1）被测零件在放到工作台上检测之前，应先清洗去毛刺，防止在加工完成后零件表面残留的切削液及加工残留物影响测量仪的测量精度及测针的使用寿命；被测零件在测量之前应放在恒温室内，如果温度相差过大就会影响测量精度。

（2）大型及重型零件要轻轻放置到工作台上，以避免造成剧烈碰撞，致使工作台或零件损伤。必要时可以在工作台上放置一块厚橡胶进行缓冲。

（3）小型及轻型零件放到工作台后，应紧固后再进行测量，否则会影响测量精度。

（4）在工作过程中，测座在转动时（特别是带有加长杆的情况下）一定要远离零件，以避免碰撞。

（5）在工作过程中如果发生异常响声，切勿自行拆卸及维修，请及时与厂家联系处理。

3. 操作结束后

（1）请将 Z 轴移动到上方，但应避免测针撞到工作台。

（2）工作完成后要清洁工作台面。

（3）检查导轨，如有水印请及时检查过滤器；如有划伤或碰伤也请及时与厂家联系，避免造成更大损失。

（4）工作结束后将机器及总气源关闭。

任务练习

一、填空题

1. 三坐标测量仪的测量功能包括________、________、________及________等。

2. 三坐标测量仪按机械结构可分为________、________、________。

3. 三坐标测量仪对环境要求比较严格，应按要求严格控制周围环境的________及________。

二、选择题

1. 可用于轿车车身等大型机械零部件或产品精密测量的三坐标测量仪是(　　)。

A. 龙门式　　B. 桥式　　C. 悬臂式　　D. 以上都可以

2. 三坐标测量仪按驱动方式分，可实现零件自动测量的是(　　)。

A. 手动型　　B. 机动型　　C. 自动型　　D. 以上都可以

三、简答题

1. 三坐标测量仪按驱动方式可分为哪几种？各有何优缺点？

2. 三坐标测量仪操作结束后的整理工作有哪些？

任务拓展

阅读材料——三坐标夹具

三坐标夹具使用在测量仪上，利用其模块化的支持和参考装置，完成对所测工件的柔性固定。该装置能够进行自动编程，实现对工件的支撑，并可建立无限的工件配置参考点。先进的专用软件能够直接通过工件的几何数据，在几秒钟之内产生工件的装夹程序。柔性模块快速而有效，可完成各种复杂型面工件的固定和夹紧，而不需要额外的成本。三坐标夹具如图 7-1-6 所示。

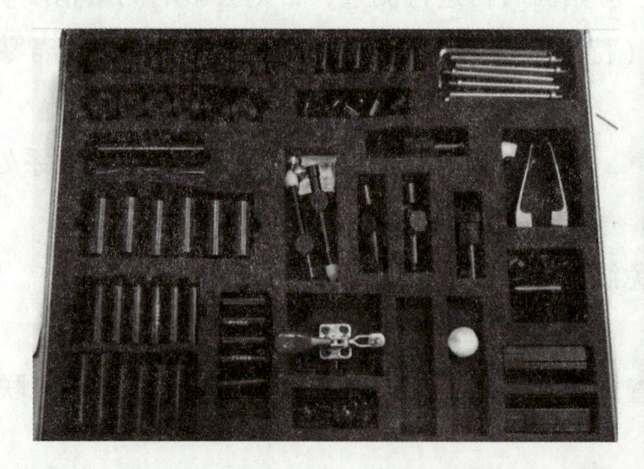

图 7-1-6　三坐标夹具

万能柔性三坐标夹具主体部分——装夹平板，可以充分保护大理石平台精度，避免工件直接接触大理石工作台，延长其使用寿命。

万能柔性三坐标夹具只要通过一些简单的组合，就可以实现多种产品和较复杂产品的装夹，可以为用户省去专用夹具设计制作费用，从而降低生产成本，提升企业收益率与市场竞争力。

万能柔性三坐标夹具可实现精确的重复定位，主体安装板的每个孔及夹具组成部件都有代号，每种工件的装夹方式都可以用这些代号记录下来，方便以后测量使用，能够为用户最大限度减少装夹时间、提高工作效率，并提供可靠的装夹方式，最大限度减少测量误差，为准确地测量数据奠定基础。

附录 I

轴的极限偏差

附表 I.1　轴的极限偏差（公差带 a~d）

基本尺寸/mm		公差带/μm														
		a		b			c					d				
大于	至	10	11 *	10	11 *	12 *	8	9 *	10 *	▲11	12	7	8 *	▲9	10 *	11 *
–	3	-270	-270	-140	-140	-140	-60	-60	-60	-60	-60	-20	-20	-20	-20	-20
		-310	-330	-180	-200	-240	-74	-85	-100	-120	-160	-30	-34	-45	-60	-80
3	6	-270	-270	-140	-140	-140	-70	-70	-70	-70	-70	-30	-30	-30	-30	-30
		-318	-345	-188	-215	-260	-88	-100	-118	-145	-190	-42	-48	-60	-78	-105
6	10	-280	-280	-150	-150	-150	-80	-80	-80	-80	-80	-40	-40	-40	-40	-40
		-338	-370	-208	-240	-300	-102	-116	-138	-170	-230	-55	-62	-76	-98	-130
10	14	-290	-290	-150	-150	-150	-95	-95	-95	-95	-95	-50	-50	-50	-50	-50
14	18	-360	-400	-220	-260	-330	-122	-138	-165	-205	-275	-68	-77	-93	-120	-160
18	24	-300	-300	-160	-160	-160	-110	-110	-110	-110	-110	-65	-65	-65	-65	-65
24	30	-384	-430	-244	-290	-370	-143	-162	-194	-240	-320	-86	-98	-117	-149	-195
30	40	-310	-310	-170	-170	-170	-120	-120	-120	-120	-120	-80	-80	-80	-80	-80
		-410	-470	-270	-330	-420	-159	-182	-220	-280	-370	-105	-119	-142	-180	-240
40	50	-320	-320	-180	-180	-180	-130	-130	-130	-130	-130					
		-420	-480	-280	-340	-430	-169	-192	-230	-290	-380					
50	65	-340	-340	-190	-190	-190	-140	-140	-140	-140	-140	-100	-100	-100	-100	-100
		-460	-530	-310	-380	-490	-186	-214	-260	-330	-440	-130	-146	-174	-220	-290
65	80	-360	-360	-200	-200	-200	-150	-150	-150	-150	-150					
		-480	-550	-320	-390	-500	-196	-224	-270	-340	-450					
80	100	-380	-380	-220	-220	-220	-170	-170	-170	-170	-170	-120	-120	-120	-120	-120
		-520	-600	-360	-440	-570	-224	-257	-310	-390	-520	-155	-174	-207	-260	-340

续表

基本尺寸/mm		公差带/μm														
		a		b			c					d				
大于	至	10	11 *	10	11 *	12 *	8	9 *	10 *	▲11	12	7	8 *	▲9	10 *	11 *
100	120	-110	-410	-240	-240	-240	-180	-180	-180	-180	-180					
		-550	-630	-380	-460	-590	-234	-267	-320	-400	-530					
120	140	-460	-460	-260	-260	-260	-200	-200	-200	-200	-200	-145	-145	-145	-145	-145
		-620	-710	-420	-510	-660	-263	-300	-360	-450	-600	-185	-208	-245	-305	-395
140	160	-520	-520	-280	-280	-280	-210	-210	-210	-210	-210					
		-680	-770	-440	-530	-680	-273	-310	-370	-460	-610					
160	180	-580	-580	-310	-310	-310	-230	-230	-230	-230	-230					
		-740	-830	-470	-560	-710	-293	-330	-390	-480	-630					
180	200	-660	-660	-340	-340	-340	-240	-240	-240	-240	-240	-170	-170	-170	-170	-170
		-845	-950	-525	-630	-800	-312	-355	-425	-530	-700	-216	-242	-285	-355	-460
200	225	-740	-740	-380	-380	-380	-260	-260	-260	-260	-260					
		-925	-1030	-565	-670	-840	-332	-375	-445	-550	-720					
225	250	-820	-820	-420	-420	-420	-280	-280	-280	-280	-280					
		-1005	-1110	-605	-710	-880	-352	-395	-465	-270	-740					
250	280	-920	-920	-480	-480	-480	-300	-300	-300	-300	-300	-190	-190	-190	-190	-190
		-1130	-1240	-690	-800	-1000	-381	-430	-510	-620	-820	-242	-271	-320	-400	-510
280	315	-1050	-1050	-540	-540	-540	-330	-330	-330	-330	-330					
		-1260	-1370	-750	-860	-1060	-411	-460	-540	-650	-850					
315	355	-1200	-1200	-600	-600	-600	-360	-360	-360	-360	-360	-210	-210	-210	-210	-210
		-1430	-1560	-830	-960	-1170	-449	-500	-590	-720	-930	-267	-299	-350	-440	-570
355	400	-1350	-1350	-680	-680	-680	-400	-400	-400	-400	-400					
		-1580	-1710	-910	-1040	-1250	-489	-540	-630	-760	-970					
400	450	-1500	-1500	-760	-760	-760	-440	-440	-440	-440	-440	-230	-230	-230	-230	-230
		-1750	-1900	-1010	-1160	-1390	-537	-595	-690	-840	-1070	-293	-327	-385	-480	-630
450	500	-1650	-1650	-840	-840	-840	-480	-480	-480	-480	-480					
		-1900	-2050	-1090	-1240	-1470	-577	-635	-730	-880	-1110					

注：1. 基本尺寸小于 1 mm 时，各级的 a 和 h 均不采用。

2. ▲为优先公差带，* 为常用公差带，其余为一般用途公差带。

附表 I.2 轴的极限偏差（公差带 e~h）

基本尺寸/mm		公差带/μm														
		e				f					g			h		
大于	至	6	7 *	8 *	9 *	5 *	6 *	▲7	8 *	9 *	5 *	▲6	7 *	4	5 *	▲6
–	3	-14	-14	-14	-14	-6	-6	-6	-6	-6	-2	-2	-2	0	0	0
		-20	-24	-28	-39	-10	-12	-16	-20	-31	-6	-8	-12	-3	-4	-6
3	6	-20	-20	-20	-20	-10	-10	-10	-10	-10	-4	-4	-4	0	0	0
		-28	-32	-38	-50	-15	-18	-22	-28	-40	-9	-12	-16	-4	-5	-8
6	10	-25	-25	-25	-25	-13	-13	-13	-13	-13	-5	-5	-5	0	0	0
		-34	-40	-47	-61	-19	-22	-28	-35	-49	-11	-14	-20	-4	-6	-9
10	14	-32	-32	-32	-32	-16	-16	-16	-16	-16	-6	-6	-6	0	0	0
14	18	-43	-50	-59	-75	-24	-27	-34	-43	-59	-14	-17	-24	-5	-8	-11
18	24	-40	-40	-40	-40	-20	-20	-20	-20	-20	-7	-7	-7	0	0	0
24	30	-53	-61	-73	-92	-29	-33	-41	-53	-72	-16	-20	-28	-6	-9	-13
30	40	-50	-50	-50	-50	-25	-25	-25	-25	-25	-9	-9	-9	0	0	0
40	50	-66	-75	-89	-112	-36	-41	-50	-64	-87	-20	-25	-34	-7	-11	-16
50	65	-60	-60	-60	-60	-30	-30	-30	-30	-30	-10	-10	-10	0	0	0
65	80	-79	-90	-106	-134	-43	-49	-60	-76	-104	-23	-29	-40	-8	-13	-19
80	100	-72	-72	-72	-72	-36	-36	-36	-36	-36	-12	-12	-12	0	0	0
100	120	-94	-107	-126	-159	-51	-58	-71	-90	-123	-27	-34	-47	-10	-15	-22
120	140	-85	-85	-85	-85	-43	-43	-43	-43	-43	-14	-14	-14	0	0	0
140	160	-110	-125	-148	-185	-61	-68	-83	-106	-143	-32	-39	-54	-12	-18	-25
160	180															
180	200	-100	-100	-100	-100	-50	-50	-50	-50	-50	-15	-15	-15	0	0	0
200	225	-129	-146	-170	-215	-70	-79	-96	-122	-165	-35	-44	-61	-14	-20	-29
225	250															
250	280	-110	-110	-110	-110	-56	-56	-56	-56	-56	-17	-17	-17	0	0	0
280	315	-142	-162	-191	-240	-79	-88	-108	-137	-186	-40	-49	-69	-16	-23	-32
315	355	-125	-125	-125	-125	-62	-62	-62	-62	-62	-18	-18	-18	0	0	0
355	400	-161	-182	-214	-265	-87	-98	-119	-151	-202	-43	-54	-75	-18	-25	-36
400	450	-135	-135	-135	-135	-68	-68	-68	-68	-68	-20	-20	-20	0	0	0
		-175	-198	-232	-290	-95	-108	-131	-165	-223	-47	-60	-83	-20	-27	-40

注：▲为优先公差带，* 为常用公差带，其余为一般用途公差带。

附表Ⅰ.3 轴的极限偏差（公差带 h~js）

基本尺寸/mm		公差带/μm														
		h							j			js				
大于	至	▲7	8＊	▲9	10＊	▲11	12＊	13	5	6	7	5＊	6＊	7＊	8	9
-	3	0	0	0	0	0	0	0	—	4	6	±2	±3	±5	±7	±12
		-10	-14	-25	-40	-60	-100	-140		-2	-4					
3	6	0	0	0	0	0	0	0	3	6	8	±2.5	±4	±6	±9	±15
		-12	-18	-30	-48	-75	-120	-180	-2	-2	-4					
6	10	0	0	0	0	0	0	0	4	7	10	±3	±4.5	±7	±11	±18
		-15	-22	-36	-58	-90	-150	-220	-2	-2	-5					
10	14	0	0	0	0	0	0	0	5	8	12	±4	±5.5	±9	±13	±21
14	18	-18	-27	-43	-70	-110	-180	-270	-3	-3	-6					
18	24	0	0	0	0	0	0	0	5	9	13	±4.5	±6.5	±10	±16	±26
24	30	-21	-33	-52	-84	-130	-210	-330	-4	-4	-8					
30	40	0	0	0	0	0	0	0	6	11	15	±5.5	±8	±12	±19	±31
40	50	-25	-39	-62	-100	-160	-250	-390	-5	-5	-10					
50	65	0	0	0	0	0	0	0	6	12	18	±6.5	±9.5	±15	±23	±37
65	80	-30	-46	-74	-120	-190	-300	-460	-7	-7	-12					
80	100	0	0	0	0	0	0	0	6	13	20	±7.5	±11	±17	±27	±43
100	120	-35	-54	-87	-140	-220	-350	-540	-9	-9	-15					
120	140	0	0	0	0	0	0	0	7	14	22	±9	±12.5	±20	±31	±50
140	160	-40	-63	-100	-160	-250	-400	-630	-11	-11	-18					
160	180															
180	200	0	0	0	0	0	0	0	7	16	25	±10	±14.5	±23	±36	±57
200	225	-46	-72	-115	-185	-290	-460	-720	-13	-13	-21					
225	250															
250	280	0	0	0	0	0	0	0	7	—	—	±11.5	±16	±26	±40	±65
280	315	-52	-81	-130	-210	-320	-520	-810	-16							
315	355	0	0	0	0	0	0	0	7	—	29	±12.5	±18	±28	±44	±70
355	400	-57	-89	-140	-230	-360	-570	-890	-18		-28					
400	450	0	0	0	0	0	0	0	7	—	31	±13.5	±20	±31	±48	±77
		-63	-97	-155	-250	-400	-630	-970	-20		-32					

注：▲为优先公差带，＊为常用公差带，其余为一般用途公差带。

附表 I.4 轴的极限偏差（公差带 js~r）

基本尺寸/mm		公差带/μm														
		js	k			m			n			p			r	
大于	至	10	5 *	▲6	7 *	5 *	6 *	7 *	5 *	▲6	7 *	5 *	▲6	7 *	5 *	6 *
–	3	±20	4	6	10	6	8	12	8	10	14	10	12	16	14	16
			0	0	0	2	2	2	4	4	4	6	6	6	10	10
3	6	±24	6	9	13	9	12	16	13	16	20	17	20	24	20	23
			1	1	1	4	4	4	8	8	8	12	12	12	15	15
6	10	±29	7	10	16	12	15	21	16	19	25	21	24	30	25	28
			1	1	1	6	6	6	10	10	10	15	15	15	19	19
10	14	±35	9	12	19	15	18	25	20	23	30	26	29	36	31	34
14	18		1	1	1	7	7	7	12	12	12	18	18	18	23	23
18	24	±42	11	15	23	17	21	29	24	28	36	31	35	43	37	41
24	30		2	2	2	8	8	8	15	15	15	22	22	22	28	28
30	40	±50	13	18	27	20	25	34	28	33	42	37	42	51	45	50
40	50		2	2	2	9	9	9	17	17	17	26	26	26	34	34
50	65	±60	15	21	32	24	30	41	33	39	50	45	51	62	54	60
			2	2	2	11	11	11	20	20	20	32	32	32	41	41
65	80														56	62
															43	43
80	100	±70	18	25	38	28	35	48	38	45	58	52	49	72	66	73
			3	3	3	13	13	13	23	23	23	37	37	37	51	51
100	120														69	76
															54	54
120	140	±80	21	28	43	33	40	55	45	52	67	61	68	83	81	88
			3	3	3	15	15	15	27	27	27	43	43	43	63	63
140	160														83	90
															65	65
160	180														86	93
															68	68

续表

基本尺寸/mm		公差带/μm														
		js	k			m			n			p			r	
大于	至	10	5 *	▲6	7 *	5 *	6 *	7 *	5 *	▲6	7 *	5 *	▲6	7 *	5 *	6 *
180	200	±92	24	33	50	37	46	63	51	60	77	70	79	96	97	106
			4	4	4	17	17	17	31	31	31	50	50	50	77	77
200	225														100	109
															80	80
225	250														104	113
															84	84
250	280	±105	27	36	56	43	52	72	57	66	86	79	88	108	117	126
			4	4	4	20	20	20	34	34	34	56	56	56	94	94
280	315														121	130
															98	98
315	355	±115	29	40	61	46	57	78	62	73	94	87	98	119	133	144
			4	4	4	21	21	21	37	37	37	62	62	62	108	108
355	400														139	150
															114	114
400	450	±125	32	45	68	50	63	86	67	80	103	95	108	131	153	166
			5	5	5	23	23	23	40	40	40	68	68	68	126	126
450	500														159	172
															132	132

注：▲为优先公差带，*为常用公差带，其余为一般用途公差带。

附表Ⅰ.5 轴的极限偏差（公差带 r~z）

基本尺寸/mm		公差带/μm														
		r	s			t			u				v	x	y	z
大于	至	7 *	5 *	▲6	7 *	5 *	6 *	7 *	5 *	▲6	7 *	8	6 *	6 *	6 *	6 *
-	3	20	18	20	24	—	—	—	22	24	28	32	—	26	—	32
		10	14	14	14				18	18	18	18		20		26
3	6	27	24	27	31	—	—	—	28	31	35	41	—	36	—	42
		15	19	19	19				23	23	23	23		28		35

续表

基本尺寸/mm		公差带/μm														
		r	s			t			u				v	x	y	z
大于	至	7 *	5 *	▲6	7 *	5 *	6 *	7 *	5 *	▲6	7 *	8	6 *	6 *	6 *	6 *
6	10	34	29	32	38	—	—	—	34	37	43	50	—	43	—	51
		19	23	23	23				28	28	28	28		34		42
10	14	41	36	39	46	—	—	—	41	44	51	60	—	51	—	61
		23	28	28	28				33	33	33	33		40		50
14	18					—	—	—					50	56	—	71
													39	45		60
18	24	49	44	48	56	—	—	—	50	54	62	74	60	67	76	86
		28	35	35	35				41	41	41	41	47	54	63	73
24	30					50	54	62	57	61	69	81	68	77	88	101
						41	41	41	48	48	48	48	55	64	75	88
30	40	59	54	59	68	59	64	73	71	76	85	99	84	96	110	128
		34	43	43	43	48	48	48	60	60	60	60	68	80	94	112
40	50					65	70	79	81	86	95	109	97	113	130	152
						54	54	54	70	70	70	70	81	97	114	136
50	65	71	66	72	83	79	85	96	100	106	117	133	121	141	163	191
		41	53	53	53	66	66	66	87	87	87	87	102	122	144	172
65	80	73	72	78	89	88	94	105	115	121	132	148	139	165	193	229
		43	59	59	59	75	75	75	102	102	102	102	120	146	174	210
80	100	86	86	93	106	106	113	126	139	146	159	178	168	200	236	280
		51	71	71	71	91	91	91	124	124	124	124	146	178	214	258
100	120	89	94	101	114	119	126	139	159	166	179	198	194	232	276	332
		54	79	79	79	104	104	104	144	144	144	144	172	210	254	310
120	140	103	110	117	132	140	147	162	188	195	210	233	227	273	325	390
		63	92	92	92	122	122	122	170	170	170	170	202	248	300	365
140	160	105	118	125	140	152	159	174	208	215	230	253	253	305	365	440
		65	100	100	100	134	134	134	190	190	190	190	228	280	340	415
160	180	108	126	133	148	164	171	186	228	235	250	273	277	335	405	490
		68	108	108	108	146	146	146	210	210	210	210	252	310	380	465

续表

基本尺寸/mm		公差带/μm														
		r	s			t			u				v	x	y	z
大于	至	7 *	5 *	▲6	7 *	5 *	6 *	7 *	5 *	▲6	7 *	8	6 *	6 *	6 *	6 *
180	200	123	142	151	168	186	195	212	256	265	282	308	313	379	454	549
		77	122	122	122	166	166	166	236	236	236	236	284	350	425	520
200	225	126	150	159	176	200	209	226	278	287	304	330	339	414	499	604
		80	130	130	130	180	180	180	258	258	258	258	310	385	470	575
225	250	130	160	169	186	216	225	242	304	313	330	356	369	454	549	669
		84	140	140	140	196	196	196	284	284	284	284	340	425	520	640
250	280	146	181	190	210	241	250	270	338	347	367	396	417	507	612	742
		94	158	158	158	218	218	218	315	315	315	315	385	475	580	710
280	315	150	193	202	222	263	272	292	373	382	402	431	457	557	682	822
		98	170	170	170	240	240	240	350	350	350	350	425	525	650	790
315	355	165	215	226	247	293	304	325	415	426	447	479	511	626	766	936
		108	190	190	190	268	268	268	390	390	390	390	475	590	730	900
355	400	171	233	244	265	319	330	351	460	471	492	524	566	696	856	1036
		114	208	208	208	294	294	294	435	435	435	435	530	660	820	1000
400	450	189	259	272	295	357	370	393	517	530	553	587	635	780	960	1140
		126	232	232	232	330	330	330	490	490	490	490	595	740	920	1100
450	500	195	279	292	315	387	400	423	567	580	603	637	700	860	1040	1290
		132	252	252	252	360	360	360	540	540	540	540	660	820	1000	1250

注：▲为优先公差带，* 为常用公差带，其余为一般用途公差带。

附录Ⅱ

孔的极限偏差

附表Ⅱ.1　孔的极限偏差（公差带A~F）

基本尺寸/mm		公差带/μm														
		A	B		C			D					E			F
大于	至	11＊	11＊	12＊	10	▲11	12	7	8＊	▲9	10＊	11＊	8＊	9＊	10	6＊
–	3	330	200	240	100	120	160	30	34	45	60	80	28	39	54	12
		270	140	140	60	60	60	20	20	20	20	20	14	14	14	6
3	6	345	215	260	118	145	190	42	48	60	78	105	38	50	68	18
		270	140	140	70	70	70	30	30	30	30	30	20	20	20	10
6	10	370	240	300	138	170	230	55	62	76	98	130	47	61	83	22
		280	150	150	80	80	80	40	40	40	40	40	25	25	25	13
10	14	400	260	330	165	205	275	68	77	93	120	160	59	75	102	27
14	18	290	150	150	95	95	95	50	50	50	50	50	32	32	32	16
18	24	430	290	370	194	240	320	86	98	117	149	195	73	92	124	33
24	30	300	160	160	110	110	110	65	65	65	65	65	40	40	40	20
30	40	470	330	420	220	280	370	105	119	142	180	240	89	112	150	41
		310	170	170	120	120	120	80	80	80	80	80	50	50	50	25
40	50	480	340	430	230	290	380									
		320	180	180	130	130	130									
50	65	530	380	490	260	330	440	130	146	174	220	290	106	134	180	49
		340	190	190	140	140	140	100	100	100	100	100	60	60	60	30
65	80	550	390	500	270	340	450									
		360	200	200	150	150	150									
80	100	600	440	570	310	390	520	155	174	207	260	340	126	159	212	58
		380	220	220	170	170	170	120	120	120	120	120	72	72	72	36

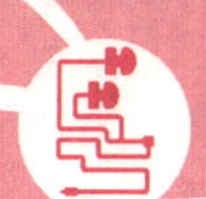

续表

基本尺寸/mm		公差带/μm														
		A	B		C			D					E			F
大于	至	11 *	11 *	12 *	10	▲11	12	7	8 *	▲9	10 *	11 *	8 *	9 *	10	6 *
100	120	630	460	590	320	400	530									
		410	240	240	180	180	180									
120	140	710	510	660	360	450	600	185	208	245	305	395	148	185	245	68
		460	260	260	200	200	200	145	145	145	145	145	85	85	85	43
140	160	770	530	680	370	460	610									
		520	280	280	210	210	210									
160	180	830	560	710	390	480	630									
		580	310	310	230	230	230									
180	200	950	630	800	425	530	700	216	242	285	355	460	172	215	285	79
		660	340	340	240	240	240	170	170	170	170	170	100	100	100	50
200	225	1030	670	840	445	550	720									
		740	380	380	260	260	260									
225	250	1110	710	880	465	570	740									
		820	420	420	280	280	280									
250	280	1240	800	1000	510	620	820	242	271	320	400	510	191	240	320	88
		920	480	480	300	300	300	190	190	190	190	190	110	110	110	56
280	315	1370	860	1060	540	650	850									
		1050	540	540	330	330	300									
315	355	1560	960	1170	590	720	930	267	299	350	440	570	214	265	355	98
		1200	600	600	360	360	360	210	210	210	210	210	125	125	125	62
355	400	1710	1040	1250	630	760	970									
		1350	680	680	400	400	400									
400	450	1900	1160	1390	690	840	1070	293	327	385	480	630	232	290	385	108
		1500	760	760	440	440	440	230	230	230	230	230	135	135	135	68
450	500	2050	1240	1470	730	880	1110									
		1650	840	840	480	480	480									

注：1. 基本尺寸小于 1 mm 时，各级的 A 和 B 均不采用。

2. ▲为优先公差带，* 为常用公差带，其余为一般用途公差带。

附表Ⅱ.2　孔的极限偏差（公差带F~H）

基本尺寸/mm		公差带/μm														
		F			G			H								
大于	至	7*	▲8	9*	5	6*	▲7	5	6*	▲7	▲8	▲9	10*	▲11	12*	13
-	3	16	20	31	6	8	12	4	6	10	14	25	40	60	100	140
		6	6	6	2	2	2	0	0	0	0	0	0	0	0	0
3	6	22	28	40	9	12	16	8	8	12	18	30	48	75	120	180
		10	10	10	4	4	4	0	0	0	0	0	0	0	0	0
6	10	28	35	49	11	14	20	9	9	15	22	36	58	90	150	220
		13	13	13	5	5	5	0	0	0	0	0	0	0	0	0
10	14	34	43	59	14	17	24	11	11	18	27	43	70	110	180	270
14	18	16	16	16	6	6	6	0	0	0	0	0	0	0	0	0
18	24	41	53	72	16	20	28	13	13	21	33	52	84	130	210	330
24	30	20	20	29	7	7	7	0	0	0	0	0	0	0	0	0
30	40	50	64	87	20	25	34	16	16	25	39	62	100	160	250	390
		25	25	25	9	9	9	0	0	0	0	0	0	0	0	0
40	50															
50	65	60	76	104	23	29	40	19	19	30	46	74	120	190	300	460
		30	30	30	10	10	10	0	0	0	0	0	0	0	0	0
65	80															
80	100	71	90	123	27	34	47	22	22	35	54	87	140	220	350	540
		36	36	36	12	12	12	0	0	0	0	0	0	0	0	0
100	120															
120	140	83	106	143	32	39	54	25	25	40	63	100	160	250	400	630
		43	43	43	14	14	14	0	0	0	0	0	0	0	0	0
140	160															
160	180															

续表

基本尺寸/mm		公差带/μm														
		F			G			H								
大于	至	7 *	▲8	9 *	5	6 *	▲7	5	6 *	▲7	▲8	▲9	10 *	▲11	12 *	13
180	200	96	122	165	35	44	61	29	29	46	72	115	185	290	460	720
		50	50	50	15	15	15	0	0	0	0	0	0	0	0	0
200	225															
225	250															
250	280	108	137	186	40	49	69	32	32	52	81	130	210	320	520	810
		56	56	56	17	17	17	0	0	0	0	0	0	0	0	0
280	315															
315	355	119	151	202	43	54	75	36	36	57	89	140	230	360	570	890
		62	62	62	18	18	18	0	0	0	0	0	0	0	0	0
355	400															
400	450	131	165	223	47	60	83	40	40	63	97	155	250	400	630	970
		68	68	68	20	20+	20	0	0	0	0	0	0	0	0	0
450	500															

注：▲为优先公差带，＊为常用公差带，其余为一般用途公差带。

附表Ⅱ.3 孔的极限偏差（公差带 J~M）

基本尺寸/mm		公差带/μm														
		J			Js						K			M		
大于	至	6	7	8	5	6 *	7 *	8 *	9	10	6 *	▲7	8 *	6 *	7 *	8 *
–	3	2	4	6	±2	±3	±5	±7	±12	±20	0	0	0	-2	-2	-2
		-4	-6	-8							-6	-10	-14	-8	-12	-16
3	6	5	—	10	±2.5	±4	±6	±9	±15	±24	2	3	5	-1	0	1
		-3		-8							-6	-9	-13	-9	-12	-21

续表

基本尺寸/mm		公差带/μm														
		J			Js						K			M		
大于	至	6	7	8	5	6*	7*	8*	9	10	6*	▲7	8*	6*	7*	8*
6	10	5	8	12	±3	±4.5	±7	±11	±18	±29	2	5	6	−3	0	2
		−4	−7	−10							−7	−10	−16	−12	−15	−25
10	14	6	10	15	±4	±5.5	±9	±13	±21	±35	2	6	8	−4	0	4
14	18	−5	−8	−12							−9	−12	−19	−15	−18	−29
18	24	8	12	20	±4.5	±6.5	±10	±16	±26	±42	2	6	10	−4	0	5
24	30	−5	−9	−13							−11	−15	−23	−17	−21	−34
30	40	10	14	24	±5.5	±8	±12	±19	±31	±50	3	7	12	−4	0	5
		−6	−11	−15							−13	−18	−27	−20	−25	−41
40	50															
50	65	13	18	28	±6.5	±9.5	±15	±23	±37	±60	4	9	14	−5	0	6
		−6	−12	−18							−15	−21	−32	−24	−30	−48
65	80															
80	100	16	22	34	±7.5	±11	±17	±27	±43	±70	8	10	16	−5	0	8
		−6	−13	−20							−18	−25	−38	−28	−35	−55
100	120															
120	140	18	26	41	±9	±12.5	±20	±31	±50	±80	4	12	20	−8	0	9
		−7	−14	−22							−21	−28	−43	−33	−40	−63
140	160															
160	180															
180	200	22	30	47	±10	±14.5	±23	±36	±57	±92	5	13	22	−8	0	9
		−7	−16	−25							−24	−33	−50	−37	−46	−72
200	225															

续表

基本尺寸/mm		公差带/μm														
		J			Js						K			M		
大于	至	6	7	8	5	6*	7*	8*	9	10	6*	▲7	8*	6*	7*	8*
225	250															
250	280	25	36	55	±11.5	±16	±26	±40	±65	±105	5	16	25	-9	0	11
		-7	-16	-26							-27	-36	-56	-41	-52	-78
280	315															
315	355	29	39	60	±12.5	±18	±28	±44	±70	±115	7	17	28	-10	0	11
		-7	-18	-29							-29	-40	-61	-46	-57	-86
355	400															
400	450	33	43	66	±13.5	±20	±31	±48	±77	±125	8	18	29	-10	0	+
		-7	-20	-31							-32	-45	-68	-50	-63	—
450	500															

注：1. 当基本尺寸在250~315 mm之间时，M6的ES等于-9（不等于-11）。

2. ▲为优先公差带，*为常用公差带，其余为一般用途公差带。

附表Ⅱ.4　孔的极限偏差（公差带N~U）

基本尺寸/mm		公差带/μm														
		N			P				R			S		T		U
大于	至	6*	▲7	8*	6*	▲7	8	9	6*	7*	8	6*	▲7	6*	7*	▲7
-	3	-4	-4	-4	-6	-6	-6	-6	-10	-10	-10	-14	-14	—	—	-18
		-10	-14	-18	-12	-16	-20	-31	-16	-20	-24	-20	-24			-28
3	6	-5	-4	-2	-9	-8	-12	-12	-12	-11	-15	-16	-15	—	—	-19
		-13	-16	-20	-17	-20	-30	-42	-20	-23	-33	-24	-27			-31
6	10	-7	-4	-3	-12	-9	-15	-15	-16	-13	-19	-20	-17	—	—	-22
		-16	-19	-25	-21	-24	-37	-51	-25	-28	-41	-29	-32			-37
10	14	-9	-5	-3	-15	-11	-18	-18	-20	-16	-23	-25	-21	—	—	-26
14	18	-20	-23	-30	-26	-29	-45	-61	-31	-34	-50	-36	-39			-44

续表

基本尺寸/mm		公差带/μm														
		N			P				R			S		T		U
大于	至	6 *	▲7	8 *	6 *	▲7	8	9	6 *	7 *	8	6 *	▲7	6 *	7 *	▲7
18	24	-11	-7	-3	-18	-14	-22	-22	-24	-20	-28	-31	-27	—	—	-33
		-24	-28	-36	-31	-35	-55	-74	-37	-41	-61	-44	-48			-54
24	30													-37	-33	-40
														-50	-54	-61
30	40	-12	-8	-3	-21	-17	-26	-26	-29	-25	-34	-38	-34	-43	-39	-51
		-28	-33	-42	-37	-42	-65	-88	-45	-50	-73	-54	-59	-59	-64	-76
40	50													-49	-45	-61
														-65	-70	-86
50	65	-14	-9	-4	-26	-21	-32	-32	-35	-30	-41	-47	-42	-60	-55	-76
		-33	-39	-50	-45	-51	-78	-106	-54	-60	-87	-66	-72	-79	-85	-106
65	80								-37	-32	-43	-53	-48	-69	-64	-91
									-56	-62	-89	-72	-78	-88	-94	-121
80	100	-16	-10	-4	-30	-24	-37	-37	-44	-38	-51	-64	-58	-84	-78	-111
		-38	-45	-58	-52	-59	-91	-124	-66	-73	-105	-86	-93	-106	-113	-146
100	120								-47	-41	-54	-72	-66	-97	-91	-131
									-69	-76	-108	-94	-101	-119	-126	-166
120	140	-20	-12	-4	-36	-28	-43	-43	-56	-48	-63	-85	-77	-115	-107	-155
		-45	-52	-67	-61	-68	-106	-143	-81	-88	-126	-110	-117	-140	-147	-195
140	160								-58	-50	-65	-93	-85	-127	-119	-175
									-83	-90	-128	-118	-125	-152	-159	-215
160	180								-61	-53	-68	-101	-93	-139	-131	-195
									-86	-93	-131	-126	-133	-164	-171	-235
180	200	-22	-14	-5	-41	-33	-50	-50	-68	-60	-77	-113	-105	-157	-149	-219
		-51	-60	-77	-70	-79	-122	-165	-97	-106	-149	-142	-151	-186	-195	-265
200	225								-71	-63	-80	-121	-113	-171	-163	-241
									-100	-109	-152	-150	-159	-200	-209	-287
225	250								-75	-67	-84	-131	-123	-187	-179	-267
									-104	-113	-156	-160	-169	-216	-225	-313

续表

基本尺寸/mm		公差带/μm														
		N			P				R			S		T		U
大于	至	6 *	▲7	8 *	6 *	▲7	8	9	6 *	7 *	8	6 *	▲7	6 *	7 *	▲7
250	280	-25	-14	-5	-47	-36	-56	-56	-85	-74	-94	-149	-138	-209	-198	-295
		-57	-66	-86	-79	-88	-137	-186	-117	-126	-175	-181	-190	-241	-250	-347
280	315								-89	-78	-98	-161	-150	-231	-220	-330
									-121	-130	-179	-193	-202	-263	-272	-382
315	355	-26	-16	-5	-51	-41	-62	-62	-97	-87	-108	-179	-169	-257	-247	-369
		-62	-73	-94	-87	-98	-151	-202	-133	-144	-197	-215	-226	-293	-304	-426
355	400								-103	-93	-114	-197	-187	-283	-273	-414
									-139	-150	-203	-233	-244	-319	-330	-471
400	450	-27	-17	-6	-55	-45	-68	-68	-113	-103	-126	-219	-209	-317	-307	-467
		-67	-80	-103	-95	-108	-165	-223	-153	-166	-223	-259	-272	-357	-370	-530
450	500								-119	-109	-132	-239	-229	-347	-337	-517
									-159	-172	-229	-279	-292	-387	-400	-580

注：1. 基本尺寸小于 1 mm 时，大于 IT8 的 N 不采用。

2. ▲为优先公差带，* 为常用公差带，其余为一般用途公差带。

参考文献

[1] 邬建忠. 机械测量技术[M]. 北京：北京理工大学出版社，2019.
[2] 邓方贞，杨淑珍. 机械测量技术[M]. 北京：人民邮电出版社，2017.
[3] 赵军华. 机械零部件检测[M]. 北京：机械工业出版社，2017.
[4] 梅荣娣. 公差配合与技术测量[M]. 郑州：大象出版社，2015.
[5] 张精，邵洁，姚明. 机械测量技术[M]. 北京：北京理工大学出版社，2020.
[6] 薛岩，于明. 机械加工精度测量与质量控制[M]. 北京：化学工业出版社，2015.
[7] 何兆风. 机械加工检测技术[M]. 北京：机械工业出版社，2015.
[8] 周文玲. 互换性与测量技术[M]. 北京：机械工业出版社，2017.
[9] 薛庆红. 公差配合与技术测量[M]. 北京：高等教育出版社，2018.
[10] 朱安莉. 机械测量技术项目训练课程[M]. 北京：高等教育出版社，2015.

目　录

项目一　机械测量技术基础

任务一　认识机械测量技术基础知识

❖ 任务描述

本任务主要介绍机械测量技术基本概念、测量的分类与方法、测量误差的种类及产生的原因。通过对本任务的学习，学生应初步建立机械测量技术理论知识基础，能够进行简单的测量误差判断与分析。

❖ 任务实施

一、实施目标

1. 掌握机械测量技术基本概念。
2. 能够正确判别出机械测量时所使用的测量方法。
3. 理解测量误差产生的原因及类型。

二、实施准备

预习“知识链接”部分，并通过网络等媒介，了解机械测量技术基础知识，认真填写表1-1-1。

表 1-1-1　预习及课堂笔记记录表

课题名称		时　间	
随　　笔	预习主要内容		
随　　笔	课堂笔记主要内容		
评　　语			

三、实施内容

1. 结合实例解释测量、检验、检测的概念。

2. 说出测量过程四要素。

3. 结合实例总结测量误差产生的原因。

四、实施步骤

1. 通过生活或实习中所见的实例，结合自己的理解，分别描述测量、检验、检测的概念。

2. 以组为单位讨论测量过程四要素的含义。

3. 通过生活或实习中所见的实例，以组为单位讨论并形成文字性材料，说明测量误差产生的原因。

❖ 任务评价

完成上述任务后，认真填写表 1-1-2。

表 1-1-2 学习情况评价表

组别		小组负责人			
成员姓名		班级			
课题名称		实施时间			
评价指标		配分	自评	互评	教师评
课前准备，收集资料		5			
课堂学习情况		20			
应用各种方法获得需要的学习材料，并能提炼出需要的知识点		20			
任务完成质量		15			
课堂学习纪律		20			
能实现前后知识的迁移，主动性强，与同伴团结协作		20			
总　计		100			
教师总评 （成绩、不足及注意事项）					
综合评定等级（个人 30%，小组 30%，教师 40%）					

任务二　认识机械测量常用器具

❖ 任务描述

通过学习本任务、参观钳工实训车间，学生应认识钳工实习常用量具、量仪；结合所学量具、量仪相关知识，学生应熟悉现场量具、量仪正确选用原则及相关维护保养技术。

❖ 任务实施

一、实施目标

1. 理解测量器具的基本概念及主要性能指标。

2. 熟知测量器具正确使用的注意事项。

3. 掌握测量器具维护、保养基本内容。

二、实施准备

预习“知识链接”部分，并通过网络等媒介，了解测量器具种类、相关技术指标及选用、维护方面的知识，认真填写表 1-2-1。

表 1-2-1　预习及课堂笔记记录表

课题名称		时　间	
随　　笔	预习主要内容		
随　　笔	课堂笔记主要内容		
评　　语			

三、实施内容

1. 说出测量器具分类及主要技术指标。

2. 说出测量器具选择原则及正确使用方法。

3. 说出测量器具维护、保养基本内容，并借助量具进行模拟。

四、实施步骤

1. 根据所给量具图片，判断其属于测量器具中的类型，并说出其特点。

2. 了解测量器具选择原则、使用注意事项及维护、保养基本内容。以组为单位讨论，小组成员互相考查学习情况。

3. 参观企业车间，仔细观察车间操作人员在使用测量器具过程中是否符合规范，日常维护保养是否到位。

❖ 任务评价

完成上述任务后，认真填写表1-2-2。

表 1-2-2 学习情况评价表

组别		小组负责人		
成员姓名		班级		
课题名称		实施时间		
评价指标	配分	自评	互评	教师评
课前准备，收集资料	5			
课堂学习情况	20			
应用各种方法获得需要的学习材料，并能提炼出需要的知识点	20			
任务完成质量	15			
课堂学习纪律、安全文明	20			
能实现前后知识的迁移，主动性强，与同伴团结协作	20			
总　计	100			
教师总评 （成绩、不足及注意事项）				
综合评定等级（个人30%，小组30%，教师40%）				

任务三　认识尺寸与公差基础知识

❖ 任务描述

现代工业生产中，要使产品具有互换性，必须采用互换性生产原则，而保证产品具有互换性的前提是产品的精度必须控制在公差范围之内。通过对本任务的学习，学生应熟悉互换性与标准化的概念与内容，学好公差与配合基础知识，为后续测量技术的学习打下坚实的基础。

❖ 任务实施

一、实施目标

1. 能够根据已知条件完成极限偏差、实际偏差、公差的计算，并进行合格性判断。
2. 能够根据已知条件判断配合类型，并计算出极限间隙、极限过盈等。
3. 能够根据已知条件完成标准公差数值表查询，确定极限偏差。

二、实施准备

预习“知识链接”部分，初步了解尺寸公差相关知识，认真填写表 1-3-1。

表 1-3-1　预习及课堂笔记记录表

<table>
<tr><td>课题名称</td><td></td><td>时　间</td><td></td></tr>
<tr><td>随　　笔</td><td colspan="3">预习主要内容</td></tr>
<tr><td></td><td colspan="3"></td></tr>
<tr><td>随　　笔</td><td colspan="3">课堂笔记主要内容</td></tr>
<tr><td></td><td colspan="3"></td></tr>
<tr><td>评　　语</td><td colspan="3"></td></tr>
</table>

三、实施内容

1. 根据已知条件完成极限偏差、实际偏差、公差的计算，完成表 1-3-2。

表 1-3-2 极限偏差、实际偏差、公差

尺寸	极限尺寸	极限偏差	公差	尺寸标注	实际尺寸	实际偏差	是否合格
孔 $\phi65$	$\phi65.019$				$\phi65.010$		
	$\phi65$						
轴 $\phi40$				$\phi40_{-0.032}^{-0.009}$		0	

2. 根据已知条件判断配合类型，并计算出极限间隙、极限过盈，完成表 1-3-3。

表 1-3-3 配合类型与极限间隙、极限过盈

配合件	公称尺寸	极限尺寸		极限偏差		公差	X_{max} (Y_{max})	X_{min} $Y_{(min)}$	配合公差 T_f
		max	min	*ES*（*es*）	*EI*（*ei*）				
孔	20	20.033	20						
轴		19.980	19.959						
孔	40	40.025	40						
轴		40.033	40.017						
孔	60	59.979	59.949						
轴		60	59.981						

四、实施步骤

1. 结合实例学习尺寸、偏差、公差等术语及定义，并分组完成表 1-3-2。
2. 结合实例学习极限偏差、实际偏差、公差等术语及定义，并分组完成表 1-3-3。
3. 分组讨论并完成标准公差数值表查询。

❖ 任务评价

完成上述任务后，认真填写表 1-3-4。

表 1-3-4 学习情况评价表

组别		小组负责人			
成员姓名		班级			
课题名称		实施时间			
评价指标		配分	自评	互评	教师评
课前准备，收集资料		5			
课堂学习情况		20			

续表

应用各种方法获得需要的学习材料，并能提炼出需要的知识点	20			
去企业实地调研	15			
任务完成质量	10			
课堂学习纪律、安全文明	15			
能实现前后知识的迁移，主动性强，与同伴团结协作	15			
总　　计	100			
教师总评 （成绩、不足及注意事项）				
综合评定等级（个人 30%，小组 30%，教师 40%）				

项目二　零件尺寸的测量

任务一　测量轴类零件的长度

❖ 任务描述

图 2-1-1 为一阶梯轴，学习轴上尺寸 15±0.10、4、25±0.02、75±0.10、$\phi30\pm0.02$、$\phi26$、$\phi44_{-0.02}^{\ 0}$、$\phi32_{-0.02}^{\ 0}$的正确测量方法。通过对本任务的学习，学生应掌握游标卡尺的正确使用方法，并能够根据测得的数据判定零件是否合格。

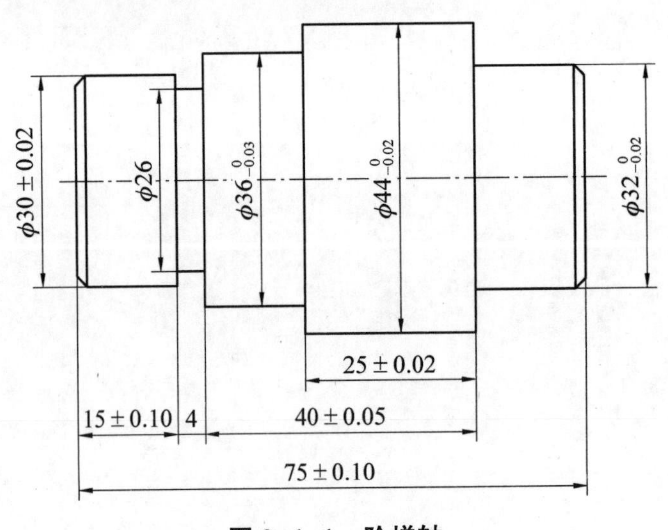

图 2-1-1　阶梯轴

❖ 任务实施

一、实施目标

1. 掌握游标卡尺的正确使用方法。
2. 学会使用游标卡尺测量轴类零件的尺寸，并能够进行合格性判定。
3. 掌握游标卡尺日常维护与保养方法。

二、实施准备

1. 分析图纸，选择合适的测量器具。
2. 准备并检查测量器具。
3. 擦拭零件被测表面。

三、实施内容

1. 使用游标卡尺测量零件尺寸。

2. 记录并分析测量数据，评定零件尺寸的合格性。

3. 填写测量报告，并做好5S管理规范。

四、实施步骤

1. 根据图纸上零件尺寸正确选择精度合适的游标卡尺。

2. 擦拭被测零件及游标卡尺，检查游标和尺身的零刻线是否对齐。如果没有对齐，应记下零位示值误差，以便对测量结果进行修正。

3. 正确使用游标卡尺测量零件尺寸。

4. 读取测量数据，判断其合格性。

5. 完成检测报告，整理实验器具。

❖ 任务评价

完成上述任务后，认真填写表2-1-1。

表2-1-1　学习情况评价表

组别		小组负责人			
成员姓名		班级			
课题名称		实施时间			
评价指标		配分	自评	互评	教师评
课前准备，收集资料		5			
课堂学习情况		20			
应用各种方法获得需要的学习材料，并能提炼出需要的知识点		20			
去企业实地调研		15			
任务完成质量		10			
课堂学习纪律、安全文明		15			
能实现前后知识的迁移，主动性强，与同伴团结协作		15			
总　计		100			
教师总评 （成绩、不足及注意事项）					
综合评定等级（个人30%，小组30%，教师40%）					

任务二　测量轴类零件的外径

❖ 任务描述

分析图 2-2-1 所示的轴类零件，根据零件尺寸选择合适的千分尺对该零件进行测量。通过对本任务的学习，学生应能够正确规范地使用外径千分尺，并对零件合格性与否作出正确的判定。

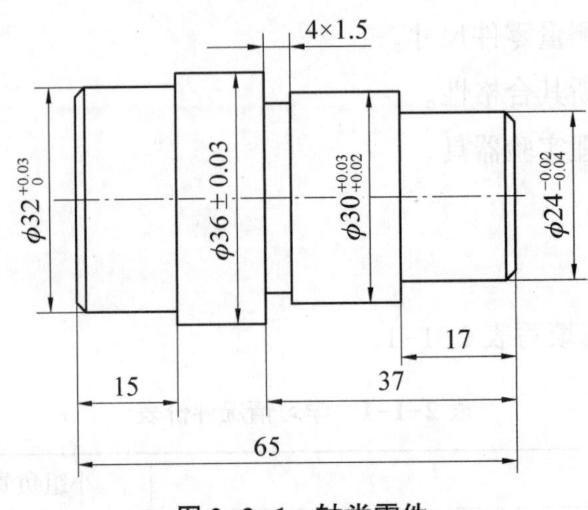

图 2-2-1　轴类零件

❖ 任务实施

一、实施目标

1. 掌握外径千分尺的正确使用方法。
2. 学会使用外径千分尺测量轴类零件的尺寸，并能够进行合格性判定。
3. 掌握外径千分尺日常维护与保养方法。

二、实施准备

1. 分析图纸，选择合适的测量器具。
2. 准备并检查测量器具。
3. 擦拭零件被测表面。

三、实施内容

1. 使用外径千分尺测量轴径。
2. 记录并分析测量数据，评定零件尺寸的合格性。
3. 填写测量报告，并做好 5S 管理规范。

四、实施步骤

1. 根据图纸上零件尺寸正确选择外径千分尺。
2. 擦拭被测零件及外径千分尺，并校对外径千分尺。
3. 正确使用外径千分尺测量零件尺寸。
4. 读取测量数据，判断其合格性。
5. 完成检测报告，整理实验器具。

❖ 任务评价

完成上述任务后，认真填写表 2-2-1。

表 2-2-1　学习情况评价表

组别		小组负责人			
成员姓名		班级			
课题名称		实施时间			
评价指标		配分	自评	互评	教师评
课前准备，收集资料		5			
课堂学习情况		20			
应用各种方法获得需要的学习材料，并能提炼出需要的知识点		20			
去企业实地调研		15			
任务完成质量		10			
课堂学习纪律、安全文明		15			
能实现前后知识的迁移，主动性强，与同伴团结协作		15			
总　计		100			
教师总评 （成绩、不足及注意事项）					
综合评定等级（个人 30%，小组 30%，教师 40%）					

任务三　测量偏心轴的偏心距

❖ 任务描述

图 2-3-1 为偏心轴，图中尺寸 4±0. 15 为偏心轴两轴径段的偏心距尺寸。通过对本任务的学习，学生应学会利用百分表测量偏心轴的偏心距尺寸，并能够根据测得数据判定零件是否合格。

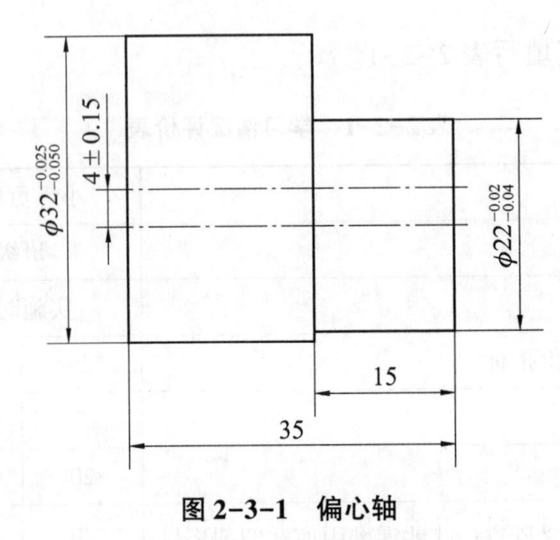

图 2-3-1　偏心轴

❖ 任务实施

一、实施目标

1. 能够根据被测零件尺寸的技术要求合理选用测量器具。
2. 学会正确使用百分表检测偏心距，并进行零件合格性判断。
3. 掌握百分表日常保养与维护方法。

二、实施准备

1. 分析图纸，选择合适的测量器具。
2. 准备并检查测量器具。
3. 擦拭零件被测表面。

三、实施内容

1. 根据图纸加工技术要求，正确选择测量器具。
2. 利用百分表检测零件偏心距。
3. 记录并分析测量数据，评定偏心距尺寸的合格性。
4. 填写测量报告，并做好 5S 管理规范。

四、实施步骤

1. 擦净被测工件，置于 V 形铁架上。

2. 用百分表先找出偏心工件的偏心外圆最高点，将工件固定，水平移动百分表，测出偏心轴外圆与基准轴外圆之间的距离 a。

3. 根据公式计算偏心距 e。

4. 判断偏心距是否合格，并完成检测报告。

5. 做好测量器具整理、维护与保养。

❖ 任务评价

完成上述任务后，认真填写表 2-3-1。

表 2-3-1　学习情况评价表

组别		小组负责人			
成员姓名		班级			
课题名称		实施时间			
评价指标		配分	自评	互评	教师评
课前准备，收集资料		5			
课堂学习情况		20			
应用各种方法获得需要的学习材料，并能提炼出需要的知识点		20			
去企业实地调研		15			
任务完成质量		10			
课堂学习纪律、安全文明		15			
能实现前后知识的迁移，主动性强，与同伴团结协作		15			
总　　计		100			
教师总评 （成绩、不足及注意事项）					
综合评定等级（个人 30%，小组 30%，教师 40%）					

任务四　测量套类零件的孔径

❖ 任务描述

图 2-4-1 为套类零件，学习零件上内孔直径 $\phi 52_{-0.03}^{\ 0}$、$\phi 80_{\ 0}^{+0.02}$ 的正确测量方法。通过对本任务的学习，学生应掌握内径百分表的正确使用方法，并能够根据测得数据判定零件是否合格。

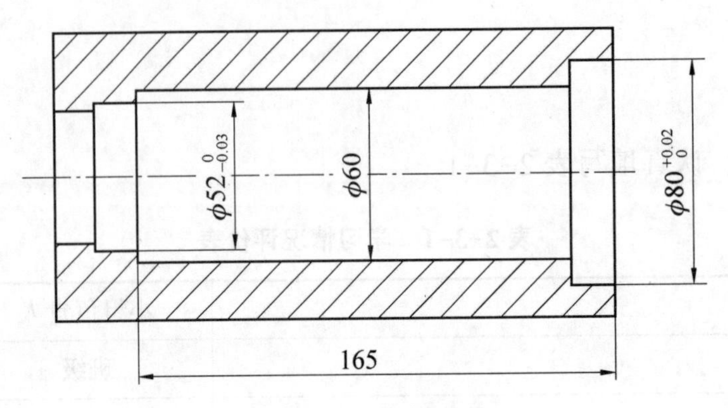

图 2-4-1　套类零件

❖ 任务实施

一、实施目标

1. 熟练地分析图纸，并选择合适的测量器具。
2. 掌握内径百分表测量孔径的方法、步骤。
3. 学会分析、处理数据，并能正确评定被测尺寸的合格性。

二、实施准备

1. 分析图纸，选择合适的测量器具。
2. 准备并检查测量器具。
3. 擦拭零件被测表面。

三、实施内容

1. 根据图纸加工技术要求，正确选择测量器具。
2. 利用内径百分表检测轴套内孔的孔径。
3. 记录并分析测量数据，评定各尺寸的合格性。
4. 填写测量报告，并做好 5S 管理规范。

四、实施步骤

1. 内径百分表安装、调整与校对零位，具体步骤如下：

（1）把百分表插入量表直管轴孔中，压缩百分表一圈，紧固；

（2）选取并安装可换测头，紧固；

（3）测量时手握隔热装置；

（4）根据被测尺寸调整零位。

用已知尺寸的环规或平行平面（千分尺）调整零位，以孔轴向的最小尺寸或平面间任意方向内均最小的尺寸对零位，然后反复测量同一位置 2~3 次后检查指针是否仍与“0”刻线对齐，如不齐则重调。为读数方便，可用整数来定零位位置。

2. 使用内径百分表测量孔径。

测量时，摆动内径百分表，找到轴向平面的最小尺寸（转折点）来读数。注意测杆、测头、百分表等配套使用，不要与其他表混用。

3. 读取测量数据，判断其合格性，并完成检测报告。

4. 做好测量器具整理、维护与保养。

❖ 任务评价

完成上述任务后，认真填写表 2-4-1。

表 2-4-1　学习情况评价表

组别			小组负责人	
成员姓名			班级	
课题名称			实施时间	

评价指标	配分	自评	互评	教师评
课前准备，收集资料	5			
课堂学习情况	20			
应用各种方法获得需要的学习材料，并能提炼出需要的知识点	20			
去企业实地调研	15			
任务完成质量	10			
课堂学习纪律、安全文明	15			
能实现前后知识的迁移，主动性强，与同伴团结协作	15			
总　　计	100			
教师总评 （成绩、不足及注意事项）				
综合评定等级（个人 30%，小组 30%，教师 40%）				

任务五　测量套类零件的深度

❖ 任务描述

图 2-5-1 为套类零件，学习零件上内孔深度尺寸 $10_{-0.02}^{\ 0}$、$25_{-0.025}^{\ 0}$ 的正确测量方法。通过对本任务的学习，学生应掌握深度游标卡尺和深度千分尺的正确使用方法，并能够根据测得数据判定零件是否合格。

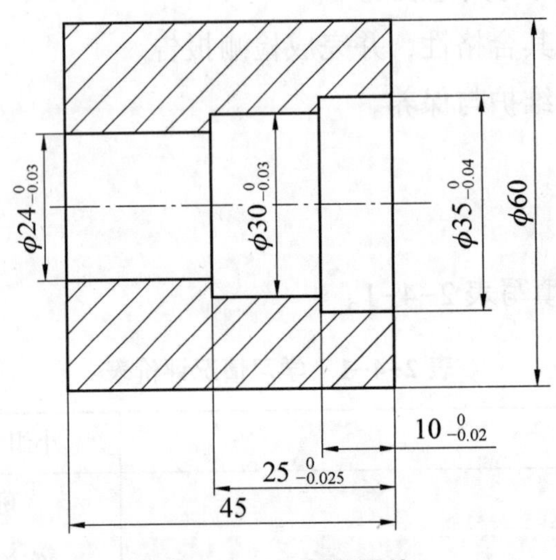

图 2-5-1　套类零件

❖ 任务实施

一、实施目标

1. 熟练地分析图纸，并选择合适的测量器具。

2. 掌握深度游标卡尺和深度千分尺测量零件深度的方法、步骤。

3. 学会分析、处理数据，并能正确评定被测尺寸的合格性。

二、实施准备

1. 分析图纸，选择合适的测量器具。

2. 检查测量器具。

3. 擦拭零件被测表面。

三、实施内容

1. 根据图纸加工技术要求，正确选择测量器具。

2. 利用深度游标卡尺和深度千分尺完成零件深度测量。

3. 处理测量数据，评定各尺寸的合格性。

4. 填写测量报告，并做好5S管理规范。

四、实施步骤

1. 根据图纸上零件尺寸精度要求，确定选用深度游标卡尺或深度千分尺。
2. 擦拭测量器具，对测量器具进行校正。
3. 正确测量零件尺寸。
4. 读取测量数据，判断其合格性。
5. 完成检测报告，整理实验器具。

❖ 任务评价

完成上述任务后，认真填写表2-5-1。

表2-5-1 学习情况评价表

组别		小组负责人			
成员姓名		班级			
课题名称		实施时间			
评价指标		配分	自评	互评	教师评
课前准备，收集资料		5			
课堂学习情况		20			
应用各种方法获得需要的学习材料，并能提炼出需要的知识点		20			
去企业实地调研		15			
任务完成质量		10			
课堂学习纪律、安全文明		15			
能实现前后知识的迁移，主动性强，与同伴团结协作		15			
总　计		100			
教师总评 （成绩、不足及注意事项）					
综合评定等级（个人30%，小组30%，教师40%）					

项目三　零件几何误差的测量

任务一　测量套类零件的锥度

❖ 任务描述

图 3-1-1 为锥套，根据图纸中锥度比例完成角度计算并进行锥度的测量。通过对本任务的学习，学生应学会使用万能角度尺完成不同角度组合及正确使用方法。

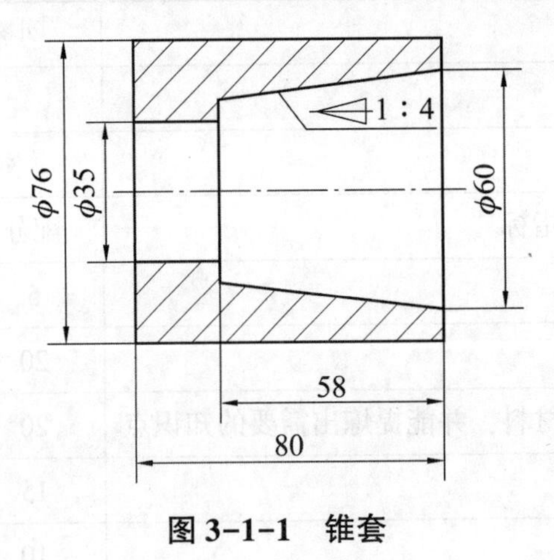

图 3-1-1　锥套

❖ 任务实施

一、实施目标

1. 掌握万能角度尺的正确组合使用方法。
2. 学会使用万能角度尺进行锥度测量，并能够进行合格性判定。

二、实施准备

1. 分析图纸，选择合适的测量器具。
2. 准备并检查测量器具。
3. 擦拭零件被测表面。

三、实施内容

1. 分析图纸，计算测量角度。
2. 使用万能角度尺进行锥度测量。

3. 记录并分析测量数据，评定锥度的合格性。

4. 填写测量报告，并做好 5S 管理规范。

四、实施步骤

1. 根据图纸上被测锥度计算锥角的大小。

2. 万能角度尺校零。

3. 根据锥角大小选择万能角度尺组合方式，选择相应附件，调整万能角度尺的角度。

4. 松开万能角度尺锁紧装置，使万能角度尺两测量边贴紧被测角度。测量时注意保持万能角度尺与被测件之间的正确位置。

5. 读取测量数据，判断其合格性。

6. 完成检测报告，整理实验器具。

❖ 任务评价

完成上述任务后，认真填写表 3-1-1。

表 3-1-1 学习情况评价表

<table>
<tr><td>组别</td><td></td><td colspan="2">小组负责人</td><td colspan="2"></td></tr>
<tr><td>成员姓名</td><td></td><td colspan="2">班级</td><td colspan="2"></td></tr>
<tr><td>课题名称</td><td></td><td colspan="2">实施时间</td><td colspan="2"></td></tr>
<tr><td colspan="2">评价指标</td><td>配分</td><td>自评</td><td>互评</td><td>教师评</td></tr>
<tr><td colspan="2">课前准备，收集资料</td><td>5</td><td></td><td></td><td></td></tr>
<tr><td colspan="2">课堂学习情况</td><td>20</td><td></td><td></td><td></td></tr>
<tr><td colspan="2">应用各种方法获得需要的学习材料，并能提炼出需要的知识点</td><td>20</td><td></td><td></td><td></td></tr>
<tr><td colspan="2">去企业实地调研</td><td>15</td><td></td><td></td><td></td></tr>
<tr><td colspan="2">任务完成质量</td><td>10</td><td></td><td></td><td></td></tr>
<tr><td colspan="2">课堂学习纪律、安全文明</td><td>15</td><td></td><td></td><td></td></tr>
<tr><td colspan="2">能实现前后知识的迁移，主动性强，与同伴团结协作</td><td>15</td><td></td><td></td><td></td></tr>
<tr><td colspan="2">总 计</td><td>100</td><td></td><td></td><td></td></tr>
<tr><td colspan="2">教师总评
（成绩、不足及注意事项）</td><td colspan="4"></td></tr>
<tr><td colspan="2">综合评定等级（个人 30%，小组 30%，教师 40%）</td><td colspan="4"></td></tr>
</table>

任务二　测量轴类零件的圆度误差

❖ 任务描述

图 3-2-1 为阶梯轴零件图，根据图纸中相关几何公差要求完成同轴度、圆度的测量工作。通过对本任务的学习，学生应学会利用百分表和偏摆仪正确测量同轴度、圆度等相关几何误差。

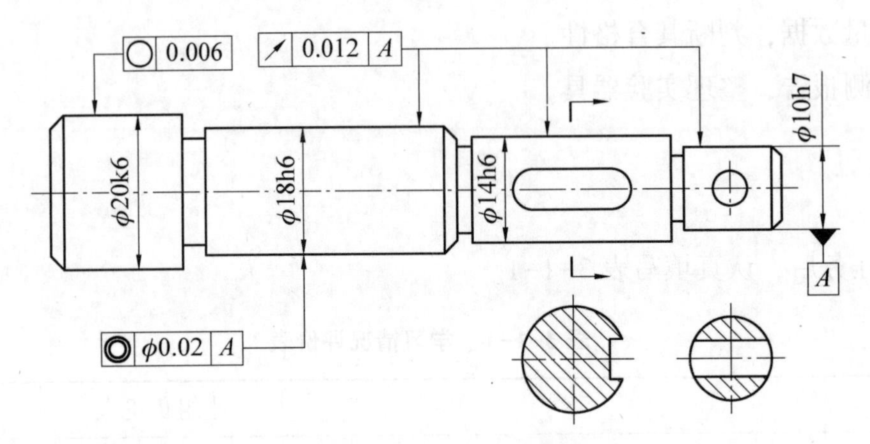

图 3-2-1　阶梯轴零件图

❖ 任务实施

一、实施目标

1. 学会用百分表测量轴类零件的圆度和同轴度误差。
2. 学会正确处理测量数据的方法及对零件合格性的判定。

二、实施准备

1. 分析图纸，选择合适的测量器具。
2. 准备并检查测量器具。
3. 擦拭零件被测表面。

三、实施内容

1. 使用百分表和偏摆检查仪对轴的圆度和同轴度误差进行检测。
2. 记录并分析测量数据，评定零件的合格性。
3. 填写测量报告，并做好 5S 管理规范。

四、实施步骤

1. 测量同轴度误差，具体步骤如下：

（1）将测量器具和被测件擦拭干净，然后把被测零件支承在偏摆检查仪的两顶尖间，公共基准轴线由两顶尖模拟，如图 3-2-2 所示。

（2）连接百分表与表架，调节百分表，使表杆通过零件轴心线，测头与工件外表面接触并保持垂直，并将百分表压缩 2~3 圈。

（3）缓慢而均匀地转动工件一周，记录百分表读数的最大值 a 和最小值 b，该截面上同轴度误差 $f=a-b$。

（4）按上述方法，取不同横截面若干处，记录百分表的最大读数与最小读数。取所测截面中同轴度误差的最大值，则为该零件的同轴度误差。

图 3-2-2　偏摆仪支承被测零件

2. 测量圆度误差。

1）两点法：

（1）将被测轴放在偏摆仪支架上，使被测轴处于水平状态，如图 3-2-3（a）所示；或者把被测轴放在车床上以两顶尖的形式装夹。

（2）安装好表座与百分表，置百分表测头于工件被测表面并垂直于工件轴心线。

（3）缓慢转动工件，用百分表测量被测轴同一截面内，轮廓圆周上的 8 个位置，如图 3-2-3（b）所示，并记录数据的最大值 M_{max} 与最小值 M_{min}，该截面上的圆度误差值为（$M_{max}-M_{min}$）/2。

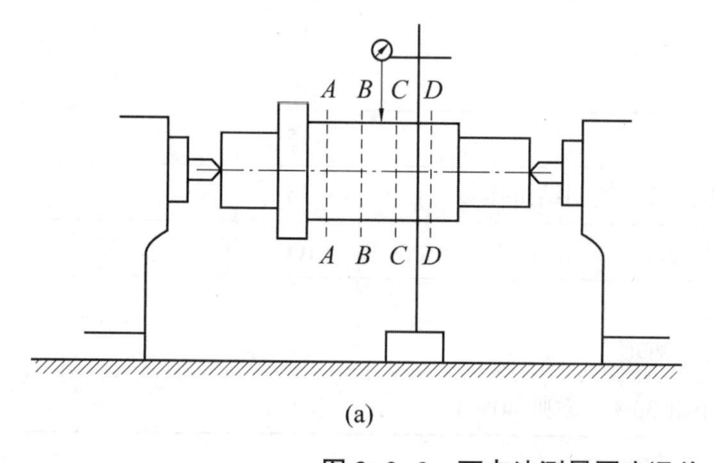

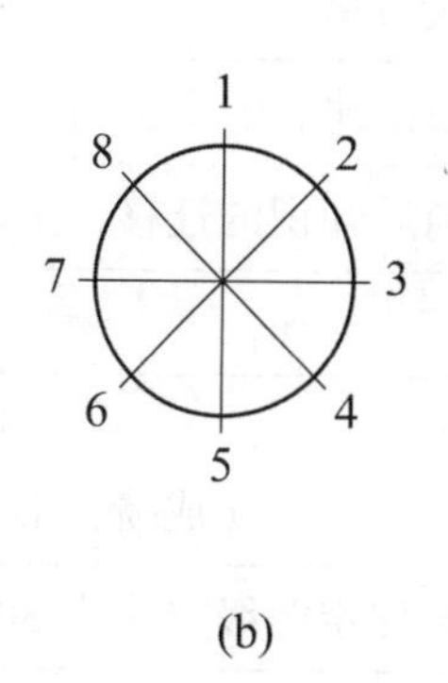

图 3-2-3　两点法测量圆度误差

（a）测量示意图；（b）测量位置

（4）按上述同样方法，分别测量 4 个不同截面（截面 A、B、C、D）并记录数据。

（5）计算出每一个截面上的圆度误差，取 4 个截面上的圆度误差最大值为该被测轴的圆度误差。

2）三点法：

（1）将被测轴放在 $2\alpha=90°$的 V 形块上。

（2）安装好表座、表架和百分表，使百分表测头垂直于测量面，并将指针调零。

（3）记录被测零件在回转一周过程中测量截面上百分表读数的最大值与最小值，将最大值与最小值之差的一半作为该截面的圆度误差。

（4）移动百分表，测量 4 个不同截面（截面 A、B、C、D），取截面圆度误差中的最大误差值作为该零件的圆度误差。

3. 根据图纸上几何公差要求分别判断零件同轴度、圆度是否合格。

4. 完成检测报告，整理实验器具。

❖ 任务评价

完成上述任务后，认真填写表 3-2-1。

表 3-2-1 学习情况评价表

组别		小组负责人			
成员姓名		班级			
课题名称		实施时间			
评价指标		配分	自评	互评	教师评
课前准备，收集资料		5			
课堂学习情况		20			
应用各种方法获得需要的学习材料，并能提炼出需要的知识点		20			
去企业实地调研		15			
任务完成质量		10			
课堂学习纪律、安全文明		15			
能实现前后知识的迁移，主动性强，与同伴团结协作		15			
总　计		100			
教师总评 （成绩、不足及注意事项）					
综合评定等级（个人 30%，小组 30%，教师 40%）					

任务三　测量轴类零件跳动误差

❖ 任务描述

根据图 3-3-1 所示的阶梯轴零件图，按图纸所示跳动公差要求完成跳动误差的测量工作。通过对本任务的学习，学生应学会如何正确测量跳动误差。

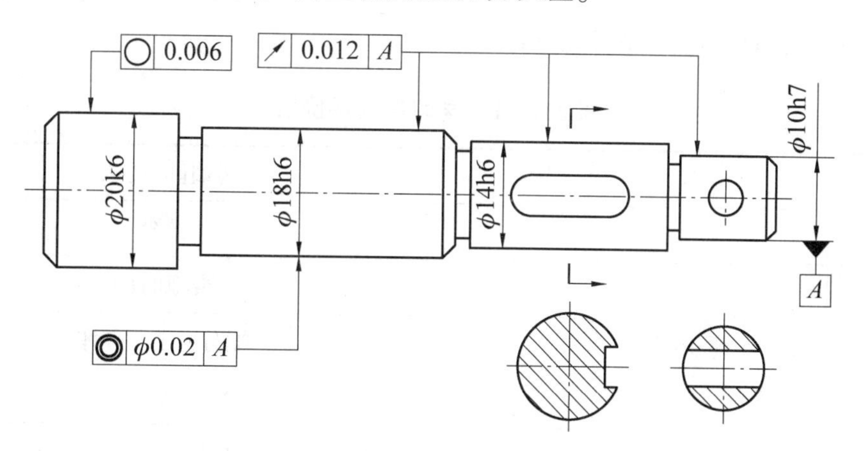

图 3-3-1　阶梯轴零件图

❖ 任务实施

一、实施目标

1. 学会测量轴类零件的径向圆跳动误差。
2. 学会正确处理测量数据的方法及对零件合格性的判定。

二、实施准备

1. 分析图纸，选择合适的测量器具。
2. 准备并检查测量器具。
3. 擦拭零件被测表面。

三、实施内容

1. 使用百分表和偏摆检查仪对轴的圆跳动误差进行检测。
2. 记录并分析测量数据，评定零件的合格性。
3. 填写测量报告，并做好 5S 管理规范。

四、实施步骤

1. 将测量器具和被测件擦拭干净，然后把被测零件支承在偏摆检查仪上。

2. 连接百分表与表架，调节百分表，使表杆通过零件轴心线，测头与工件外表面接触并保持垂直，并有 1~2 圈的压缩量。

3. 缓慢而均匀地转动工件一周，记录百分表读数的最大值和最小值，最大值与最小值之差，即为径向圆跳动误差值。

4. 测量不同横截面 3 处，记录径向圆跳动误差。

5. 根据图纸上跳动公差要求判断零件是否合格。

6. 完成检测报告，整理实验器具。

❖ 任务评价

完成上述任务后，认真填写表 3-3-1。

表 3-3-1　学习情况评价表

组别		小组负责人			
成员姓名		班级			
课题名称		实施时间			
评价指标		配分	自评	互评	教师评
课前准备，收集资料		5			
课堂学习情况		20			
应用各种方法获得需要的学习材料，并能提炼出需要的知识点		20			
去企业实地调研		15			
任务完成质量		10			
课堂学习纪律、安全文明		15			
能实现前后知识的迁移，主动性强，与同伴团结协作		15			
总　　计		100			
教师总评 （成绩、不足及注意事项）					
综合评定等级（个人 30%，小组 30%，教师 40%）					

任务四　测量套类零件的表面粗糙度

❖ 任务描述

图 3-4-1 为套类零件，根据图纸中表面粗糙度要求选择合适的检测方法。通过对本任务的学习，学生应学会利用表面粗糙度样板检测套类零件表面粗糙度，并判断其合格性。

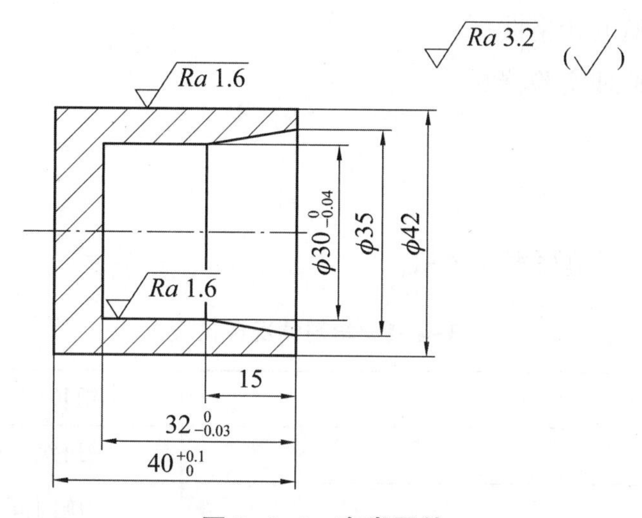

图 3-4-1　套类零件

❖ 任务实施

一、实施目标

1. 学会表面粗糙度比较样板的选用方法。
2. 掌握利用表面粗糙度比较样块检测表面粗糙度值的方法、步骤。
3. 学会处理数据并判定被测零件表面粗糙度的合格性。

二、实施准备

1. 分析图纸，确定被测表面。
2. 准备并检查表面粗糙度样板。
3. 擦拭零件被测表面。

三、实施内容

1. 根据图纸加工技术要求，正确选择表面粗糙度样板。
2. 分别采用触觉法和视觉法判断表面粗糙度的大小。
3. 记录并分析测量数据，评定各尺寸的合格性。
4. 填写测量报告，并做好 5S 管理规范。

四、实施步骤

1. 根据加工方法及图纸要求选择合适的比较样块。

2. 比较检测。

（1）触觉法：将比较样块、被测零件放在一起，手指以适当的速度分别沿比较样块、被测零件表面划过，凭主观触觉评估零件的粗糙度。

（2）视觉法：将比较样块、零件放在一起，在相同的照明条件下，用肉眼或借助放大镜直接观察比较，根据加工痕迹异同、反光强弱、色彩差异判断被测表面粗糙度的大小。

3. 判断零件表面粗糙度合格性。

4. 完成检测报告，整理实验器具。

❖ 任务评价

完成上述任务后，认真填写表 3-4-1。

表 3-4-1　学习情况评价表

组别			小组负责人	
成员姓名			班级	
课题名称			实施时间	
评价指标	配分	自评	互评	教师评
课前准备，收集资料	5			
课堂学习情况	20			
应用各种方法获得需要的学习材料，并能提炼出需要的知识点	20			
去企业实地调研	15			
任务完成质量	10			
课堂学习纪律、安全文明	15			
能实现前后知识的迁移，主动性强，与同伴团结协作	15			
总　计	100			
教师总评 （成绩、不足及注意事项）				
综合评定等级（个人 30%，小组 30%，教师 40%）				

项目四　螺纹的测量

任务一　认识螺纹的公差与配合

❖ 任务描述

图 4-1-1 为螺纹的结构要素，通过对本任务的学习，学生应掌握螺纹的几何参数，了解螺纹几何参数对互换性的影响，为后面的螺纹测量打下基础。

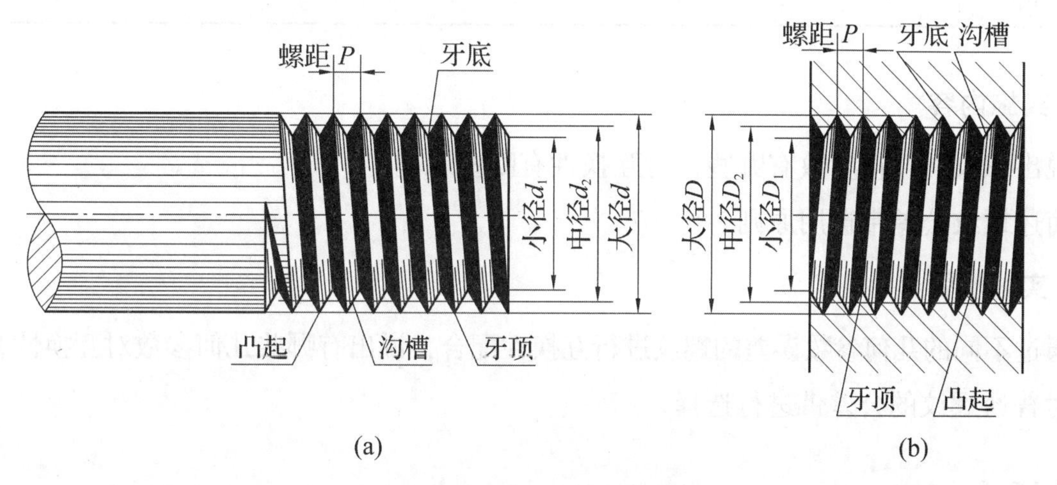

图 4-1-1　螺纹的结构要素

（a）外螺纹；（b）内螺纹

❖ 任务实施

一、实施目标

1. 知道螺纹的主要几何参数。
2. 知道螺纹几何参数对互换性的影响。

二、实施准备

预习“知识链接”部分，并通过网络等学习资源，了解螺纹公差与配合方面的知识，认真填写表 4-1-1。

表 4-1-1 预习及课堂笔记记录表

课题名称		时 间	
随 笔	预习主要内容		
随 笔	课堂笔记主要内容		
评 语			

三、实施内容

1. 说出螺纹的几何参数有哪些，对互换性有哪些影响。

2. 简述螺纹公差带选用原则。

四、实施步骤

1. 通过不同的几何参数误差的螺纹进行互换性配合，说出有哪些几何参数对互换性有影响。

2. 对普通螺纹的公差带进行选择。

❖ 任务评价

完成上述任务后，认真填写表 4-1-2。

表 4-1-2 学习情况评价表

组别		小组负责人			
成员姓名		班级			
课题名称		实施时间			
评价指标		配分	自评	互评	教师评
课前准备，收集资料		5			
课堂学习情况		20			
应用各种方法获得需要的学习材料，并能提炼出需要的知识点		20			
任务完成质量		15			
课堂学习纪律、安全文明		20			

续表

能实现前后知识的迁移，主动性强，与同伴团结协作	20			
总　　计	100			
教师总评 （成绩、不足及注意事项）				
综合评定等级（个人 30%，小组 30%，教师 40%）				

任务二 测量普通螺纹

❖ 任务描述

图 4-2-1 为普通螺纹轴零件图，测量图中零件的螺纹部分，按照要求完成相关尺寸的测量，对螺纹的合格性进行判断。通过对本任务的学习，学生应掌握普通螺纹检测的主要内容，了解螺纹常用测量工具和仪器的结构、工作原理和适用范围，能够选用不同的测量工具对螺纹进行检测，对检测的内容是否合格进行评定，培养爱护工具、珍惜工具的职业习惯。

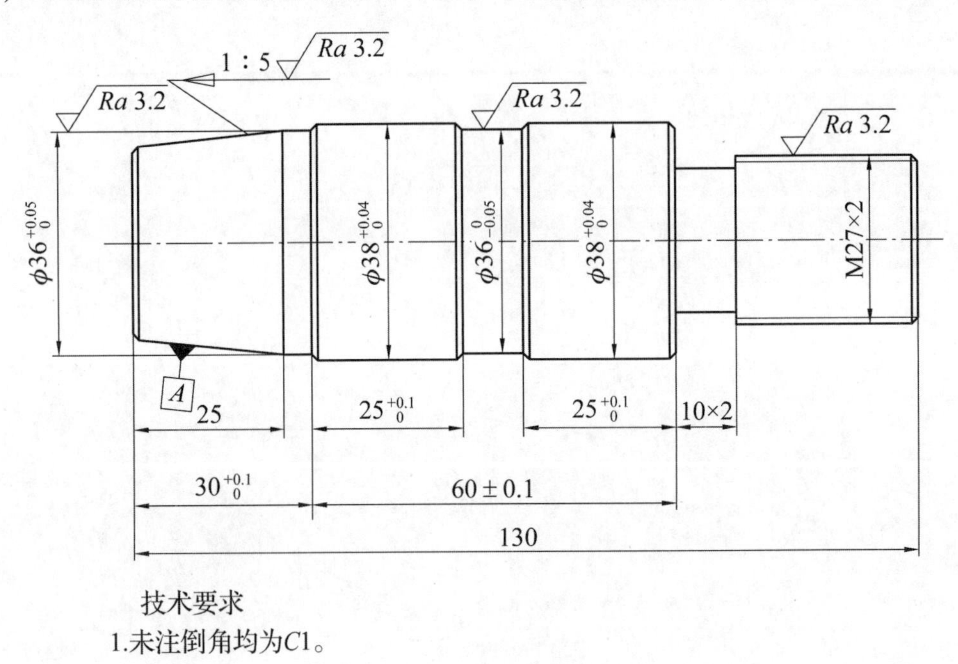

图 4-2-1 普通螺纹轴零件图

❖ 任务实施

一、实施目标

1. 掌握螺纹综合测量工具的使用方法，能够对螺纹进行综合测量并判断螺纹是否合格。
2. 掌握螺纹中径测量工具的使用方法，能够对螺纹中径进行测量并判断螺纹是否合格。

二、实施准备

1. 预习“知识链接”部分，并通过网络等学习资源，了解螺纹测量方面的知识，认真填写表 4-2-1。

表 4-2-1 预习及课堂笔记记录表

课题名称		时 间	
随 笔	预习主要内容		
随 笔	课堂笔记主要内容		
评 语			

2. 测量器具准备。

（1）螺纹塞规、环规。

（2）游标卡尺、外径千分尺、螺纹中径千分尺。

（3）测量三针。

三、实施内容

1. 对螺纹进行综合测量，完成综合测量报告。

2. 对螺纹进行中径测量，完成测量报告。

四、实施步骤

1. 用螺纹量规对被测螺纹零件进行综合检测，评定零件的合格性，并填写表 4-2-2。

表 4-2-2 螺纹的综合测量报告

测量工具	螺纹量规			
被测零件	外螺纹代号________		内螺纹代号________	
序号	合格	不合格	合格	不合格
工件 1				
工件 2				
工件 3				
质检人员			日期	

2. 外螺纹中径的测量。

（1）使用螺纹千分尺测量。

使用螺纹千分尺在同一个截面相互垂直的两个方向（Ⅰ、Ⅱ）上测量螺纹中径，然后评定零件的合格性，并填写表 4-2-3。

表 4-2-3 测量报告

测量工具	螺纹千分尺：测量范围________ mm，分度值________ mm							
被测零件参数	大径 d				中径 d_2			
	d_{max} =		d_{min} =		d_{2max} =		d_{2min} =	
序号	d_a		评定		d_{2a}		评定	
	Ⅰ方向	Ⅱ方向	合格	不合格	Ⅰ方向	Ⅱ方向	合格	不合格
工件 1								
工件 2								
工件 3								
质检人员					日期			

（2）用三针法测量外螺纹中径。

按照三针法测量步骤进行测量，测量时应在轴向 3 个截面（1、2、3）上相互垂直的两个方向（Ⅰ、Ⅱ）进行，测量完成后评定零件合格性，并填写表 4-2-4。

表 4-2-4 测量报告

测量工具	螺旋千分尺：测量范围________ mm，分度值________ mm；量针：d_0 =________								
被测零件参数	测量值 M						实际中径 d_2	评定	
	截面 1		截面 2		截面 3				
序号	Ⅰ方向	Ⅱ方向	Ⅰ方向	Ⅱ方向	Ⅰ方向	Ⅱ方向		合格	不合格
工件 1									
工件 2									
工件 3									
质检人员				日期					

❖ 任务评价

完成上述任务后，认真填写表 4-2-5。

表 4-2-5　学习情况评价表

组别		小组负责人			
成员姓名		班级			
课题名称		实施时间			
评价指标		配分	自评	互评	教师评
课前准备，收集资料		5			
课堂学习情况		20			
应用各种方法获得需要的学习材料，并能提炼出需要的知识点		20			
任务完成质量		15			
课堂学习纪律		20			
能实现前后知识的迁移，主动性强，与同伴团结协作		20			
总　　计		100			
教师总评 （成绩、不足及注意事项）					
综合评定等级（个人 30%，小组 30%，教师 40%）					

任务三　测量梯形螺纹

❖ 任务描述

图 4-3-1 为梯形螺纹轴零件图，测量图中零件的梯形螺纹部分，按照要求完成相关尺寸的测量。通过对本任务的学习，学生应掌握梯形螺纹检测的主要内容，了解螺纹常用测量工具的结构、工作原理和适用范围，能够选用不同的测量工具对螺纹进行检测、对检测的内容是否合格进行评定，培养严格按照标准执行的工作态度。

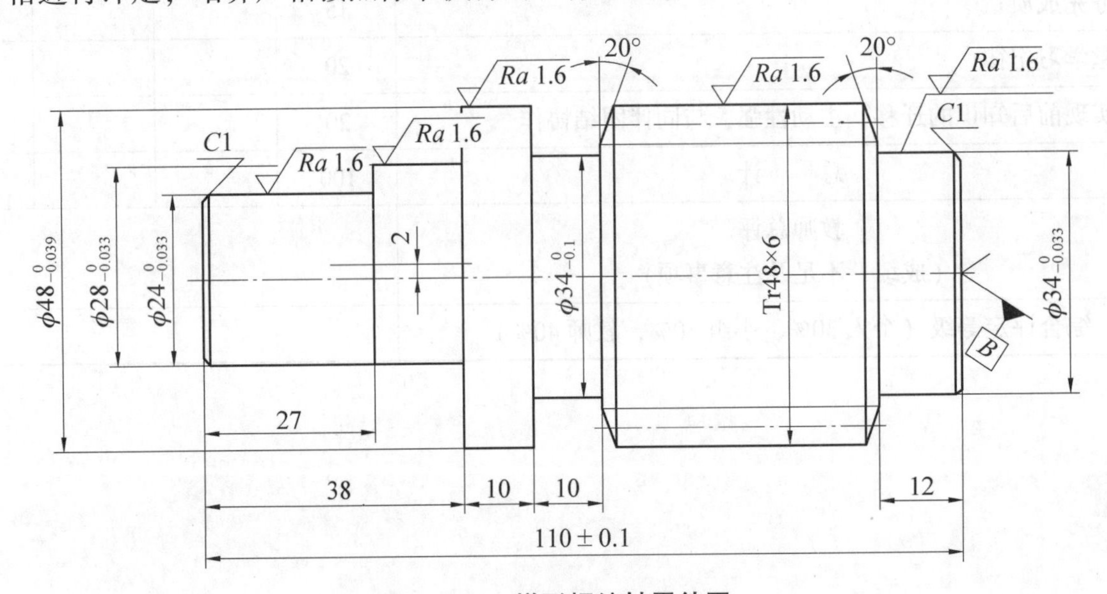

图 4-3-1　梯形螺纹轴零件图

❖ 任务实施

一、实施目标

1. 对梯形螺纹进行综合测量，通过测量结果评判梯形螺纹是否合格。

2. 对梯形螺纹进行单项测量，通过测量结果评判梯形螺纹是否合格。

二、实施准备

1. 预习“知识链接”部分，并通过网络等学习资源，了解机梯形螺纹测量方面的知识，认真填写表 4-3-1。

表 4-3-1　预习及课堂笔记记录表

课题名称		时　间	
随　　笔	预习主要内容		
随　　笔	课堂笔记主要内容		
评　　语			

2. 测量器具准备。

（1）螺纹塞规、环规。

（2）游标卡尺、外径千分尺。

（3）测量三针。

三、实施内容

1. 对梯形螺纹进行综合测量，完成综合测量报告。

2. 对梯形螺纹进行中径测量，完成测量报告。

四、实施步骤

1. 用螺纹量规对被测螺纹零件进行综合检测，评定零件的合格性，并填写表 4-3-2。

表 4-3-2　梯形螺纹的综合测量报告

测量工具	螺纹量规			
被测零件	梯形外螺纹代号________		梯形内螺纹代号________	
序号	合格	不合格	合格	不合格
工件 1				
工件 2				
工件 3				
质检人员			日期	

2. 外螺纹中径的测量。

按照三针法测量步骤进行测量，测量时应在轴向 3 个截面（1、2、3）上相互垂直的两个方向（Ⅰ、Ⅱ）进行，测量完成后评定零件合格性，并填写表 4-3-3。

表 4-3-3　测量报告

测量工具	千分尺：测量范围________ mm，分度值________ mm；量针：d_0=________								
被测零件参数	测量值 M						实际中径 d_2	评定	
	截面 1		截面 2		截面 3				
序号	Ⅰ方向	Ⅱ方向	Ⅰ方向	Ⅱ方向	Ⅰ方向	Ⅱ方向		合格	不合格
工件 1									
工件 2									
工件 3									
质检人员				日期					

❖ 任务评价

完成上述任务后，认真填写表 4-3-4。

表 4-3-4　学习情况评价表

组别		小组负责人			
成员姓名		班级			
课题名称		实施时间			
评价指标		配分	自评	互评	教师评
课前准备，收集资料		5			
课堂学习情况		20			
应用各种方法获得需要的学习材料，并能提炼出需要的知识点		20			
任务完成质量		15			
课堂学习纪律		20			
能实现前后知识的迁移，主动性强，与同伴团结协作		20			
总　计		100			
教师总评 （成绩、不足及注意事项）					
综合评定等级（个人 30%，小组 30%，教师 40%）					

项目五　齿轮的测量

任务一　测量圆柱齿轮

❖ 任务描述

图 5-1-1 为齿轮零件图，根据图纸的尺寸测量齿轮的相关尺寸。通过对本任务的学习，学生应能够选用合适的圆柱齿轮测量器具，正确规范地测量直齿圆柱齿轮的相关参数，严格按照公差要求进行衡量，判定圆柱齿轮是否合格。

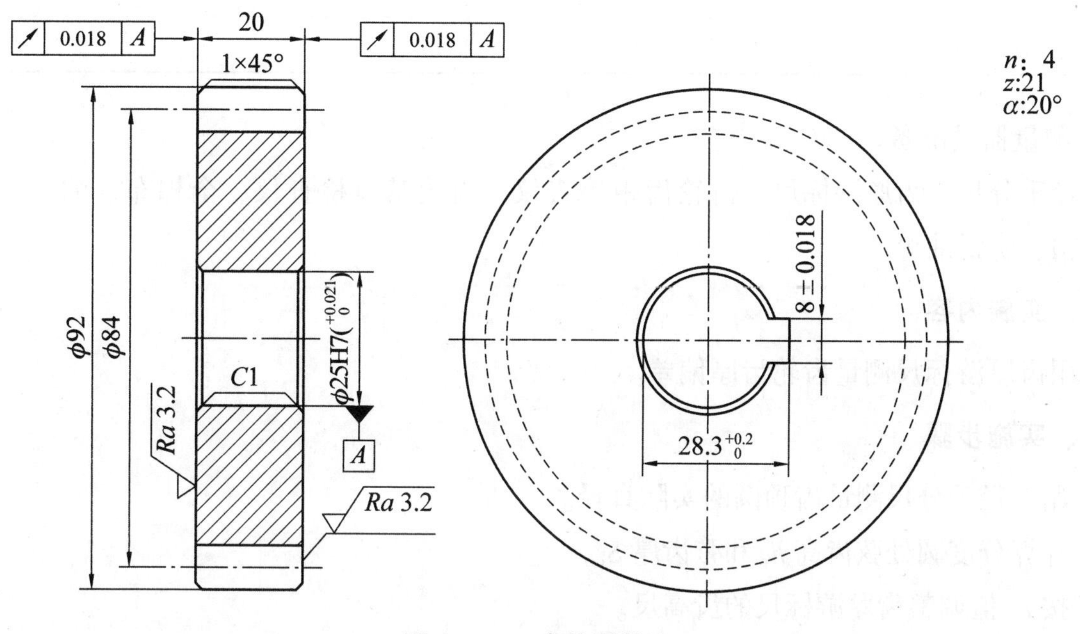

图 5-1-1　齿轮零件图

❖ 任务实施

一、实施目标

1. 能够正确使用各种齿轮测量工具。

2. 对圆柱齿轮进行测量。

二、实施准备

1. 预习“知识链接”部分，并通过网络等学习资源，了解齿轮测量方面的知识，认真填写表 5-1-1。

表 5-1-1　预习及课堂笔记记录表

课题名称		时　间	
随　　笔	预习主要内容		
随　　笔	课堂笔记主要内容		
评　　语			

2. 测量器具准备。

外径千分尺、齿厚游标尺、齿轮齿距检查仪、齿轮基节检查仪、全棉布、油石、汽油或无水酒精、防锈油等。

三、实施内容

使用齿厚游标尺测量齿轮齿厚偏差。

四、实施步骤

1. 用外径千分尺测量齿顶圆的实际直径。

2. 计算分度圆处弦齿高 h_f 和弦齿厚 S_f。

3. 按 h_f 值调整齿厚游标尺的齿高尺。

4. 将齿厚游标尺置于被测齿轮上，使齿高尺与齿顶相接触。然后，移动齿厚尺的卡脚，使卡脚靠紧齿廓。从齿厚尺上读出弦齿厚的实际尺寸（用透光法判断接触情况）。

5. 分别在圆周上间隔相同的几个轮齿上进行测量，记录测量结果。

6. 按被测齿轮的精度等级，确定齿厚上极限偏差 E_{ss} 和下极限偏差 E_{si}，判断被测齿轮齿厚的合格性。

7. 完成表 5-1-2。

表 5-1-2 测量报告

测量器具		分度值		测量范围		
被测齿轮	模数		齿顶圆直径		分度圆弦齿高	
	齿数		分度圆弦齿厚		齿顶圆实际直径	
	齿形角		齿厚上偏差		高度尺调定高度	
	精度		齿厚下偏差			
测量结果	测量次数	1	2	3	4	5
	齿厚实际值					
	齿厚实际偏差					
	结论					
质检人员				日期		

❖ 任务评价

完成上述任务后，认真填写表 5-1-3。

表 5-1-3 学习情况评价表

组别		小组负责人			
成员姓名		班级			
课题名称		实施时间			
评价指标		配分	自评	互评	教师评
课前准备，收集资料		5			
课堂学习情况		20			
应用各种方法获得需要的学习材料，并能提炼出需要的知识点		20			
任务完成质量		15			
课堂学习纪律		20			
能实现前后知识的迁移，主动性强，与同伴团结协作		20			
总　计		100			
教师总评 （成绩、不足及注意事项）					
综合评定等级（个人 30%，小组 30%，教师 40%）					

任务二　测量蜗杆

❖ 任务描述

图 5-2-1 为蜗杆的零件图，对图中零件的相关尺寸进行测量。通过对本任务的学习，学生应掌握蜗杆检测的主要内容，了解蜗杆常用测量工具和仪器的结构、工作原理和适用范围，能够选用不同的测量工具对蜗杆进行检测、对检测的内容是否合格进行评定，培养严格按照标准执行的工作态度。

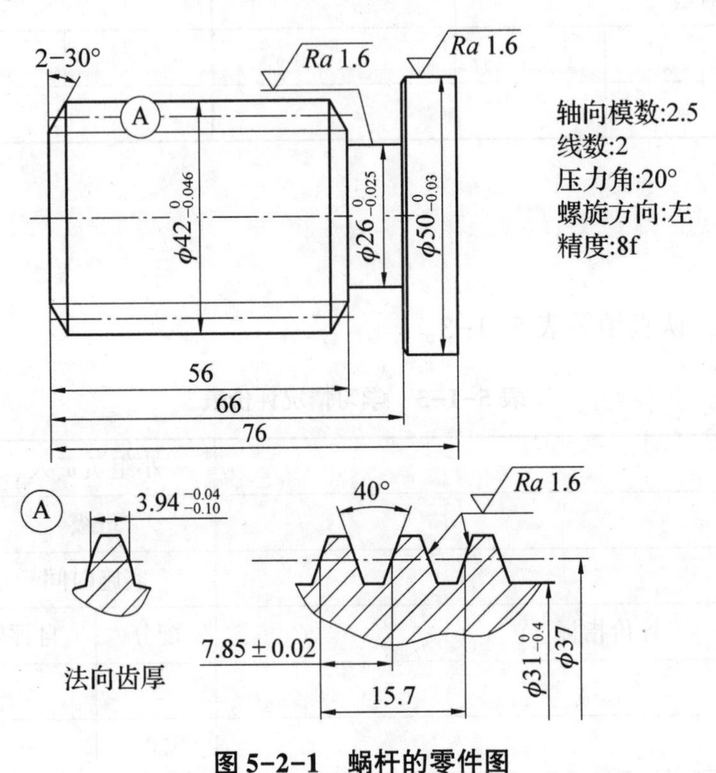

图 5-2-1　蜗杆的零件图

❖ 任务实施

一、实施目标

1. 会使用三针测量法测量蜗杆分度圆直径。

2. 能够正确使用齿厚游标尺测量蜗杆的法向齿厚。

二、实施准备

1. 预习“知识链接”部分，并通过网络等学习资源，了解蜗杆测量方面的知识，认真填写表 5-2-1。

表 5-2-1 预习及课堂笔记记录表

课题名称		时 间	
随 笔	预习主要内容		
随 笔	课堂笔记主要内容		
评 语			

2. 测量器具准备。

外径千分尺、齿厚游标尺、测量三针、公法线千分尺、全棉布、油石、汽油或无水酒精、防锈油。

三、实施内容

1. 测量蜗杆的分度圆直径。

2. 测量蜗杆的法向齿厚。

四、实施步骤

准备蜗杆（阿基米德蜗杆，头数 $Z=1$；轴向模数 $m_x=3$ mm；旋向：右旋；精度等级 7-DC）零件。

1. 分度圆直径的测量。

（1）测量过程。测量时，将 3 根精度很高、直径相同的量针（如果没有所需的最佳量针直径，可选择与最佳量针直径相近的三针来测量，但量针直径必须在最大值与最小值之间）分别放入被测蜗杆的牙槽内，用公法线千分尺测量出辅助尺寸 M 的实际值。

（2）测量数据处理与测量结果判定。将各次测量数据进行平均，得到一个较为精确的三针测量实际值。

测量结果判定：将三针测量实际值与查表计算得出的蜗杆分度圆直径三针测量值变化范围进行比较，并作出评定结论。如果实际测量值在其变化范围内，则为合格。

（3）填写表 5-2-2。

表 5-2-2 测量报告

任务名称	蜗杆分度圆直径测量——三针测量法				
检测仪器	公法线千分尺	规格型号	________	量针直径	________
被测蜗杆	模数 m_x=____		头数 Z=________	旋向____________	
查表并计算得到蜗杆分度圆直径三针测量值变化范围：____~____					
测量次数	1	2	3	4	5
M 的实际值					

测量结果判定：实际测量值的平均值=________；

结论：____。

2. 法向齿厚的测量。

（1）测量过程。测量时，由于轴向齿厚无法直接测量，因此常通过齿厚游标尺对法向齿厚 s_n 进行测量，从而来判断轴向齿厚是否正确。其转换的计算公式为：

$$s_n = s_x \cos\gamma = (\pi m_x / 2) \cos\gamma$$

蜗杆法向齿厚的公差可根据蜗杆的精度等级查表得出。

温馨提示：一般情况下，蜗杆零件图的参数一栏中会标注出法向齿厚的数值及相应精度等级的公差值。

（2）测量数据处理与测量结果判定。将各次测量数据进行平均，得到一个较为精确的蜗杆法向齿厚实际值。

测量结果判定：将蜗杆法向齿厚实际值与查表计算得出的蜗杆法向齿厚及公差要求进行比较并作出评定结论。如果实际测量值在其变化范围内则为合格。

（3）填写测量报告，见表 5-2-3。

表 5-2-3 测量报表

任务名称	蜗杆法向齿厚测量				
检测仪器	齿厚游标尺	规格型号			
被测蜗杆	模数 m_x=____	头数 Z=________		旋向	________
查表并计算得到蜗杆法向齿厚及公差：________					
测量次数	1	2	3	4	5
s_n 的实际值					

测量结果判定：实际测量值的平均值=________；

结论：____。

❖ 任务评价

完成上述任务后，认真填写表 5-2-4。

表 5-2-4 学习情况评价表

<table>
<tr><td>组别</td><td></td><td colspan="2">小组负责人</td><td colspan="2"></td></tr>
<tr><td>成员姓名</td><td></td><td colspan="2">班级</td><td colspan="2"></td></tr>
<tr><td>课题名称</td><td></td><td colspan="2">实施时间</td><td colspan="2"></td></tr>
<tr><td colspan="2">评价指标</td><td>配分</td><td>自评</td><td>互评</td><td>教师评</td></tr>
<tr><td colspan="2">课前准备，收集资料</td><td>5</td><td></td><td></td><td></td></tr>
<tr><td colspan="2">课堂学习情况</td><td>20</td><td></td><td></td><td></td></tr>
<tr><td colspan="2">应用各种方法获得需要的学习材料，并能提炼出需要的知识点</td><td>20</td><td></td><td></td><td></td></tr>
<tr><td colspan="2">任务完成质量</td><td>15</td><td></td><td></td><td></td></tr>
<tr><td colspan="2">课堂学习纪律</td><td>20</td><td></td><td></td><td></td></tr>
<tr><td colspan="2">能实现前后知识的迁移，主动性强，与同伴团结协作</td><td>20</td><td></td><td></td><td></td></tr>
<tr><td colspan="2">总　计</td><td>100</td><td></td><td></td><td></td></tr>
<tr><td colspan="2">教师总评
（成绩、不足及注意事项）</td><td colspan="4"></td></tr>
<tr><td colspan="2">综合评定等级（个人 30%，小组 30%，教师 40%）</td><td colspan="4"></td></tr>
</table>

项目六　箱体类零件的测量

任务一　测量平面度误差

❖ 任务描述

根据图 6-1-1 的 CA6140 型车床主轴箱箱体图，按图纸所示几何公差要求完成平面度误差的测量工作。通过对本任务的学习，学生应学会正确测量箱体平面度误差，能够合理选用各种专业的工具，培养工匠精神。

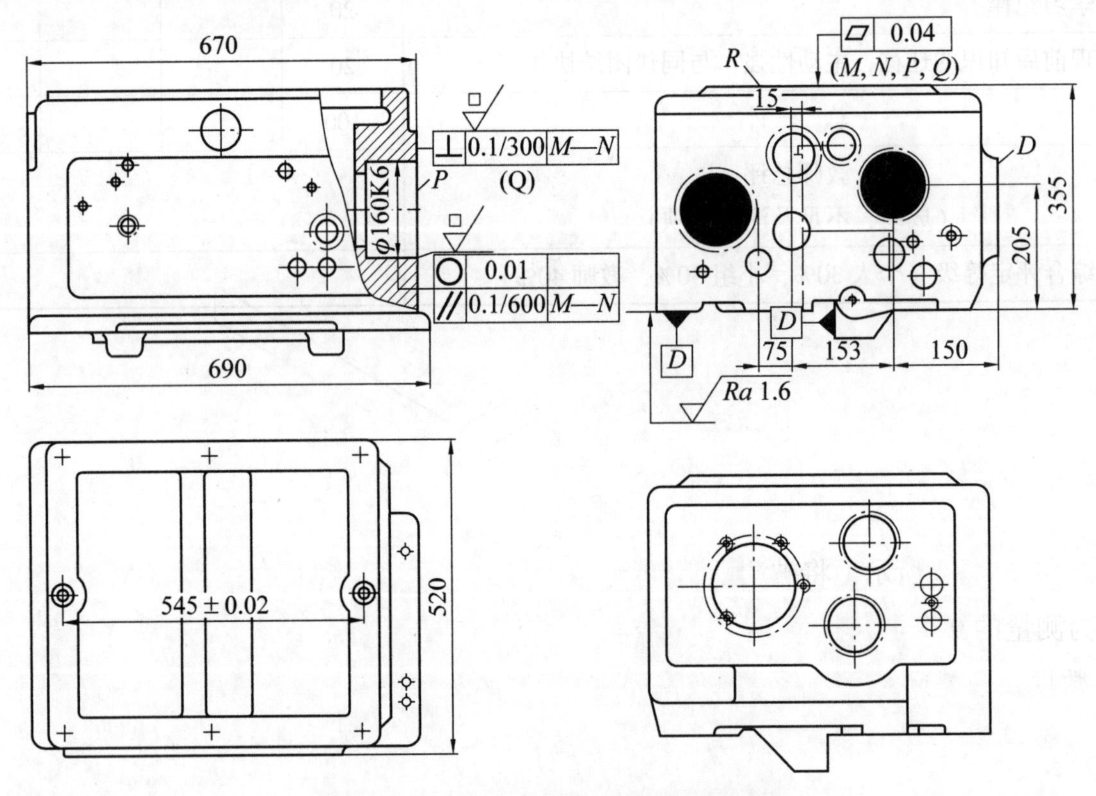

图 6-1-1　CA6140 型车床主轴箱箱体图

❖ 任务实施

一、实施目标

1. 了解平面度误差的测量原理与方法。

2. 掌握平面度误差的评定方法及数据处理。

二、实施准备

1. 分析图纸，选择合适的测量器具。
2. 准备并检查测量器具。
3. 擦拭零件被测表面。

三、实施内容

1. 使用百分表和平板对箱体的平面度误差进行检测。
2. 记录并分析测量数据，评定箱体平面度的合格性。
3. 填写测量报告，并做好 5S 管理规范。

四、实施步骤

1. 将被测零件、带百分表的测量架放在平板上，并使百分表测量头垂直指向被测零件表面，压表并调整表盘，使指针指在零位，如图 6-1-2 所示。

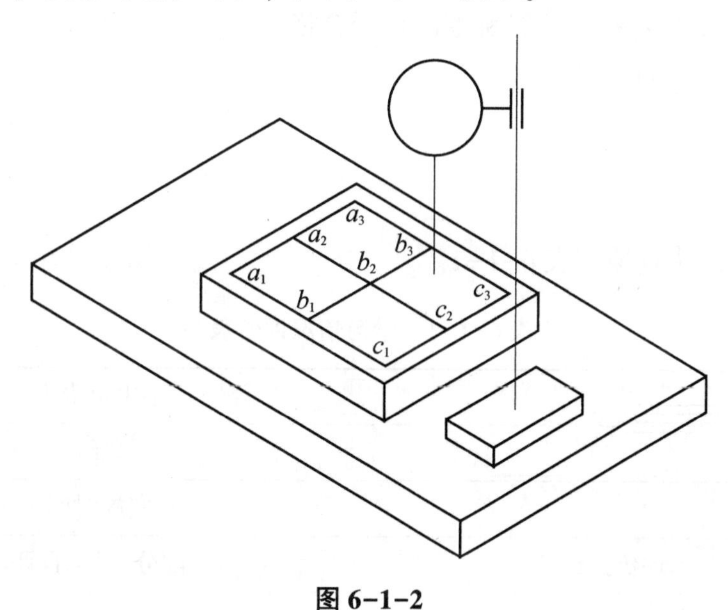

图 6-1-2

2. 按图 6-1-3 所示，将被测平板沿纵横方向均布画好网格，四周离边缘 10 mm，其画线的交点为测量的 9 个点，同时记录各点的读数值。

3. 数据处理：用对角线法进行数据处理。

（1）令图 6-1-3 中的 a_1—c_1 为旋转轴，旋转量为 P，旋转后的各点如图 6-1-4 所示。

a_1	a_2	a_3
b_1	b_2	b_3
c_1	c_2	c_3

图 6-1-3

a_1	a_2+P	a_3+2P
b_1	b_2+P	b_3+2P
c_1	c_2+P	C_3+2P

图 6-1-4

（2）令图 6-1-4 中的 a_1—a_3+2P 为旋转轴，旋转量为 Q，旋转后的各点如图 6-1-5

所示。

a_1	a_2+P	a_3+2P
b_1+Q	b_2+P+Q	b_3+2P+Q
c_1+2Q	c_2+P+2Q	$c_3+2P+2Q$

图 6-1-5

（3）按对角线上两个值相等列出下列方程，求旋转量 P 和 Q。

$$\begin{cases} a_1=c_3+2P+2Q \\ a_3+2P=c_1+2Q \end{cases}$$

（4）把求出的 P 和 Q 代入图 6-1-5 中，得出各点的读数值。按最大最小读数值之差来确定被测表面的平面度误差值。

4. 根据图纸上平面度公差要求判断零件是否合格。

5. 完成检测报告，整理实验器具。

❖ 任务评价

完成上述任务后，认真填写表 6-1-1。

表 6-1-1　学习情况评价表

组别		小组负责人		
成员姓名		班级		
课题名称		实施时间		
评价指标	配分	自评	互评	教师评
课前准备，收集资料	5			
课堂学习情况	20			
应用各种方法获得需要的学习材料，并能提炼出需要的知识点	20			
任务完成质量	15			
课堂学习纪律、安全文明	20			
能实现前后知识的迁移，主动性强，与同伴团结协作	20			
总　计	100			
教师总评 （成绩、不足及注意事项）				
综合评定等级（个人 30%，小组 30%，教师 40%）				

任务二 测量平行度误差

❖ 任务描述

根据图 6-1-1 的 CA6140 型车床主轴箱箱体图，按图纸所示几何公差要求完成主轴箱箱体平行度误差的测量工作。通过对本任务的学习，学生应学会正确测量箱体平行度误差，能够合理选用各种专业的工具，培养工匠精神。

❖ 任务实施

一、实施目标

1. 了解平行度误差的测量原理与方法。
2. 掌握平行度误差的评定方法及数据处理。

二、实施准备

1. 分析图纸，选择合适的测量器具与测量方法。
2. 准备并检查测量器具。
3. 擦拭零件被测表面。

三、实施内容

1. 使用百分表和平板对箱体的平行度误差进行检测。
2. 记录并分析测量数据，评定箱体平行度的合格性。
3. 填写测量报告，并做好 5S 管理规范。

四、实施步骤

1. 将待测零件清理干净，并将其放置在平板上。

2. 安装百分表，使百分表的测头垂直于被测表面，然后调整百分表测头高度，并使测杆有一定的压缩量后，转动百分表刻度盘使零线与指针对齐。

3. 根据图纸上箱体平行度公差要求选择线对面平行度误差测量法进行测量。

4. 记录、分析数据，并根据图纸上平面度公差要求判断箱体被测要素平行度是否合格。

5. 完成检测报告，整理实验器具。

❖ 任务评价

完成上述任务后，认真填写表 6-2-1。

表 6-2-1 测量平行度误差评价表

<table>
<tr><td>组别</td><td></td><td colspan="2">小组负责人</td><td colspan="2"></td></tr>
<tr><td>成员姓名</td><td></td><td colspan="2">班级</td><td colspan="2"></td></tr>
<tr><td>课题名称</td><td></td><td colspan="2">实施时间</td><td colspan="2"></td></tr>
<tr><td colspan="2">评价指标</td><td>配分</td><td>自评</td><td>互评</td><td>教师评</td></tr>
<tr><td colspan="2">课前准备，收集资料</td><td>5</td><td></td><td></td><td></td></tr>
<tr><td colspan="2">课堂学习情况</td><td>20</td><td></td><td></td><td></td></tr>
<tr><td colspan="2">应用各种方法获得需要的学习材料，并能提炼出需要的知识点</td><td>20</td><td></td><td></td><td></td></tr>
<tr><td colspan="2">任务完成质量</td><td>15</td><td></td><td></td><td></td></tr>
<tr><td colspan="2">课堂学习纪律、安全文明</td><td>20</td><td></td><td></td><td></td></tr>
<tr><td colspan="2">能实现前后知识的迁移，主动性强，与同伴团结协作</td><td>20</td><td></td><td></td><td></td></tr>
<tr><td colspan="2">总 计</td><td>100</td><td></td><td></td><td></td></tr>
<tr><td colspan="2">教师总评
（成绩、不足及注意事项）</td><td colspan="4"></td></tr>
<tr><td colspan="2">综合评定等级（个人 30%，小组 30%，教师 40%）</td><td colspan="4"></td></tr>
</table>

任务三　测量垂直度误差

❖ 任务描述

根据图 6-1-1 的 CA6140 型车床主轴箱箱体图，按图纸所示几何公差要求完成垂度误差的测量工作。通过对本任务的学习，学生应掌握垂直度检测的主要内容，了解垂直度测量工具和仪器使用方法，掌握垂直度的检测方法，能够对检测的内容是否合格进行评定，养成一丝不苟的工作态度。

❖ 任务实施

一、实施目标

1. 掌握测量垂直度常用的工具的使用方法。
2. 掌握垂直度的测量方法。
3. 完成对测量内容的评定。

二、实施准备

预习“知识链接”部分，并通过网络等学习资源，了解零件垂直度测量方面的知识，认真填写表 6-3-1。

表 6-3-1　预习及课堂笔记记录表

课题名称		时　间	
随　　笔	预习主要内容		
随　　笔	课堂笔记主要内容		
评　　语			

三、实施内容

1. 选用测量垂直度所需的工具。

2. 进行垂直度测量。

四、实施步骤

1. 选用设备：平板、直角座、带指示器的测量架等。
2. 测量工具的安装。
3. 对箱体零件进行垂直度的测量。

❖ 任务评价

完成上述任务后，认真填写表 6-3-2。

表 6-3-2 学习情况评价表

组别		小组负责人		
成员姓名		班级		
课题名称		实施时间		
评价指标	配分	自评	互评	教师评
课前准备，收集资料	5			
课堂学习情况	20			
应用各种方法获得需要的学习材料，并能提炼出需要的知识点	20			
任务完成质量	15			
课堂学习纪律、安全文明	20			
能实现前后知识的迁移，主动性强，与同伴团结协作	20			
总　计	100			
教师总评 （成绩、不足及注意事项）				
综合评定等级（个人 30%，小组 30%，教师 40%）				

项目七　三坐标测量仪简介

任务　认识三坐标测量仪

❖ 任务描述

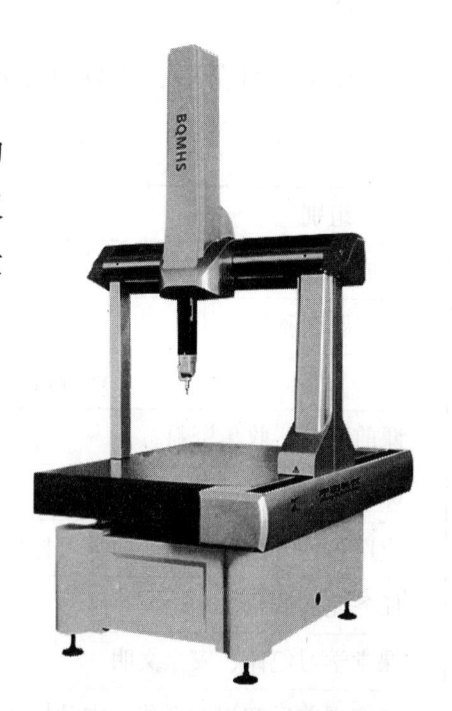

图 7-1-1　三坐标测量仪

根据图 7-1-1 所示的三坐标测量仪，完成三坐标测量仪的维护和保养。通过对本任务的学习，学生应了解三坐标测量仪的机构、工作原理以及维护和保养的方法，能够对三坐标测量仪进行简单的维护和保养，养成爱护设备的良好工作习惯。

❖ 任务实施

一、实施目标

1. 能够根据设备实物区分三坐标测量仪的结构。
2. 能够对设备进行日常维护和保养。

二、实施准备

预习"知识链接"部分，并通过网络等学习资源，了解三坐标测量仪方面的知识，认真填写表 7-1-1。

表 7-1-1　预习及课堂笔记记录表

课题名称		时　间	
随　　笔	预习主要内容		
随　　笔	课堂笔记主要内容		
评　　语			

三、实施内容

1. 根据设备的实物判断设备的结构。

2. 说出三坐标测量仪维护的重要及维护内容，并对设备进行维护和保养。

四、实施步骤

1. 以学校车间的三坐标测量仪为例，判断设备的结构。

2. 说出其维护保养的操作规程。

❖ 任务评价

完成上述任务后，认真填写表 7-1-2。

表 7-1-2 学习情况评价表

<table>
<tr><td>组别</td><td></td><td>小组负责人</td><td colspan="3"></td></tr>
<tr><td>成员姓名</td><td></td><td>班级</td><td colspan="3"></td></tr>
<tr><td>课题名称</td><td></td><td>实施时间</td><td colspan="3"></td></tr>
<tr><td colspan="2">评价指标</td><td>配分</td><td>自评</td><td>互评</td><td>教师评</td></tr>
<tr><td colspan="2">课前准备，收集资料</td><td>5</td><td></td><td></td><td></td></tr>
<tr><td colspan="2">课堂学习情况</td><td>20</td><td></td><td></td><td></td></tr>
<tr><td colspan="2">应用各种方法获得需要的学习材料，并能提炼出需要的知识点</td><td>20</td><td></td><td></td><td></td></tr>
<tr><td colspan="2">任务完成质量</td><td>15</td><td></td><td></td><td></td></tr>
<tr><td colspan="2">课堂学习纪律、安全文明</td><td>20</td><td></td><td></td><td></td></tr>
<tr><td colspan="2">能实现前后知识的迁移，主动性强，与同伴团结协作</td><td>20</td><td></td><td></td><td></td></tr>
<tr><td colspan="2">总　计</td><td>100</td><td></td><td></td><td></td></tr>
<tr><td colspan="2">教师总评
（成绩、不足及注意事项）</td><td colspan="4"></td></tr>
<tr><td colspan="2">综合评定等级（个人 30%，小组 30%，教师 40%）</td><td colspan="4"></td></tr>
</table>